U0309069

景迈山：古茶莽林

范建华　邓子璇　周　丽◎著

云南人民出版社

图书在版编目（CIP）数据

景迈山：古茶莽林 / 范建华，邓子璇，周丽著. --
昆明：云南人民出版社，2024.2
（绿色中国茶山行）
ISBN 978-7-222-20577-2

Ⅰ. ①景⋯ Ⅱ. ①范⋯ ②邓⋯ ③周⋯ Ⅲ. ①茶文化
—云南 Ⅳ. ①TS971.21

中国国家版本馆CIP数据核字(2023)第079557号

责任编辑：高　照
责任校对：王　韬　崔同占
装帧设计：昆明昊谷文化传播有限公司
责任印制：李寒东

绿色中国茶山行

景迈山：古茶莽林
JINGMAI SHAN：GUCHA MANGLIN

范建华　邓子璇　周　丽　著

出　版　云南人民出版社
发　行　云南人民出版社
社　址　昆明市环城西路609号
邮　编　650034
网　址　www.ynpph.com.cn
E-mail　ynrms@sina.com
开　本　720mm×1010mm　1／16
印　张　14.25
字　数　120千
版　次　2024年2月第1版第1次印刷
印　刷　云南出版印刷集团有限责任公司国方分公司
书　号　ISBN 978-7-222-20577-2
定　价　69.00元

云南人民出版社微信公众号

如需购买图书、反馈意见，请与我社联系

总编室：0871-64109126　编辑部：0871-64199971　审校部：0871-64164626　印制部：0871-64191534

与我们一起轻松喝杯茶
（总序）

亲爱的读者朋友，当如此装帧清雅、赏心悦目的茶书摆到您的面前时，我相信您一定会喜欢的。而且，在一个生活节奏越来越快、日益繁劳的时代，这样优美的茶书，它是助您去烦放松、静心喝茶的佳友。

茶源于中国，从唐代起向海外不断传播，逐渐发展成世界性三大著名饮品之一，还在各国衍生出了丰富多彩的茶文化。

古今中外，一直有许许多多的人在咏茶、论茶、研究茶。当下，随着茶产业的迅猛发展，虽然已有各种各样的茶书出版问世，但一个不容乐观的现实问题是许多人并不懂茶，茶文化距大众也有相当距离。尤其是在波涛汹涌、眼花缭乱的世界多元文化浪潮冲击下，不少人因缺乏引导而对中国古老的茶文化了解不多，认同也不够。

虽然有识之士早就呼吁将茶作为"国饮"，但仍有不少人每每被流行于西方国家的可乐、咖啡等为代表的"快餐文化"所迷惑。此外，一些不良商家为牟取暴利而炒作天价知名茶叶，甚至有个别人的相关专著与文章把茶文化搞成了仅为极少数人把玩的"玄文化"，弄得神神秘秘、高深莫测，令许多普通人对茶饮乃至茶文化难免有些望而却步。

有鉴于此，为了让更多的好茶者愉快且明白地品茶，使更多的人喜欢喝茶，促进茶文化走出书斋、走下神坛、回归大众，一些富有远见的智者、机构等都在努力并付出着。

早在2020年底，作为这套茶书的主要发起人和策划者，我们当时设想的就是让本套茶书好读、好看、长知识，成为大家买茶饮茶的向导和认知博大精深的中华茶文化之实用助手。

所谓好读，是要用万众人都觉通俗易懂的语言文字书写，让大家一读就懂，读了就爱，毫不费力。我们不愿意把这些茶书写成玩弄各种抽象概念的理论著作，故而创作时，我们力求化繁为简，直截了当，适应社会大众需求。

因此，为了增强本套丛书的可读性，我们还致力于讲好中国茶故事。

纵观我国浙江、福建、云南、安徽、四川等

众多产茶区，自古以来就都拥有历史悠久、内涵丰富的茶故事。譬如，近些年异军突起的云南普洱茶，其独有的一大优势就是茶区丰富多彩的民族文化故事。在西双版纳、普洱、临沧、德宏、保山这些云南茶叶主产区的各个山头，世代居住着一些云南特有的少数民族，其中有几个还是人口较少民族，比如基诺族、布朗族、拉祜族等。这些少数民族在各自所生活的茶山中从古代起就与茶相伴，以茶为生，久而久之形成了各具特色的茶山民族文化。他们为我国茶文化和茶产业的形成与发展做出了很有意义的贡献。

所以，努力挖掘与整理好国内这些著名茶山背后的故事，是本丛书的一大着力点和亮点。

至于好看，我认为，就是书的装帧设计一定要美观，书内应多放图片。相较于其他书，在我心目中茶书应当而且更要好看。如今是读图时代，一图胜千言，书必须图文并茂，如此才更能吸引人且有助于理解。所以，我们在每本书中都插入了大量的照片，这既增加了真实性、现场感，也是为了让大家在阅读尽量减轻看文字的视觉疲劳，读来轻松不累，如喝一杯茶汤明亮、回甘可口的普洱好茶。

同时，注意避免书的厚重，努力减轻读者阅读时的心理负担。要让读者不论是在上班路上，还是乘飞机、高铁途中都能携带方便。

与此同时，本丛书还希望帮助读者诸君、各位茶友在阅读后，能增长有关茶叶发展、茶山历史、民族文化以及风味品饮等方面的知识，助力大家懂得喝茶、好好饮茶。

有鉴于此，为实现上面的目标，我们要求丛书作者必须是对各地茶叶及茶山历史文化等方面有深入研究的专家学者，也就是说，对作者的要求较高。因为，只有高水平的作者才能为读者奉献出高品质的茶书作品。

当前，中国茶文化与茶产业发展均已迎来了最好的历史机遇。同时，我们又处在百年未有之大变局的时代，世界并不太平，国家间冲突不断，战争时有发生，人类生存环境恶化加剧，中华传统茶文化中的"茶和天下"之精神亟须得到进一步弘扬。

这里，我想起了美国著名汉学家梅维恒教授几句意味深长的话："尽管茶有益健康，有一定的医疗效果，但从根本上讲，它不是草药，而是一天里的生活节奏，是必要的片刻小憩，是一种哲学。随着世界的喧嚣渐渐退去，地球越来越小，茶成了我们对宁静和交流的追寻。以这样的心情喝茶，健康、知足、宁静恒一的生活会一直伴随着你。"

我们衷心希望广大读者、茶友通过这套丛书，体验一次美妙的中国茶山之旅，从而更好地认识我国历久弥香、生机勃勃的茶文化，也期盼世界各地能有更多的人爱上茶、经常喝茶，让品茗提升做人的修养，增进身体健康，改善我们的生活！

任维东

2021年12月18日

开篇的话

　　"茶，源自中国，盛行于世界。"茶不仅是一种传统饮品，更是中华文化的象征符号，它承载着五千年的中华文明历史，是中国对人类文明史的巨大贡献。茶之于中国，就如同咖啡之于巴西，红酒之于法国，啤酒之于德国，作为一种日常的存在，可谓不可或缺。从古代丝绸之路、茶马古道，到丝绸之路经济带、21世纪海上丝绸之路，茶穿越历史，跨越国界，在中华文明与外域漫长的交往进程中扮演着外交使者的重要角色。茶叶也一直占据着贸易的核心地位，中国茶深受世界各国人民喜爱，已逐渐融入寻常百姓生活之中，是我国向世界传递和合文化、展示风雅形象的中华名片，也是以更加多样化和个性化的方式与世界合作对话的桥梁载体。

2021年3月22日，习近平总书记在福建省武夷山市星村镇燕子窠生态茶园考察时，提出要统筹做好茶文化、茶产业、茶科技这篇大文章，深化茶文化交融互鉴，推动茶产业持续健康发展。作为世界上最早人工栽培茶树、发现茶叶多重价值的国家，中国境内考古发现的最早人工种植茶树的遗存已达6000余年。我国产茶区域分布广阔，东至东经122°的台湾东岸，西至东经94°的西藏林芝，南至北纬18°附近的海南榆林，北至北纬38°的山东蓬莱山，在气候类型上横跨热带、亚热带和温带3个自然气候带，涵盖21个省（自治区、直辖市），形成了西南、华南、江南和江北四大一级茶区。千百年来，各地区人民在长期种茶、制茶、饮茶过程中造就了极具地域特色的茶道、茶艺、茶礼、茶俗等茶文化形态，这些茶文化是异彩纷呈的，是深幽旷远的，也是兼容并蓄的，凝结着世代爱茶之人的情感智慧和中华传统文化的精神内涵。当前，茶产业已成为富民兴边和乡村振兴战略中的一项重要产业，弘扬中华茶文化，将茶产业与区域特色茶文化、民族文化有机结合，并通过农业科技赋能推动茶产业高质量发展，对于真正实现"一片叶子"富一方百姓、提高我国茶产业的国际竞争力和知名度具有重要的现实意义。

　　如今，世界各地广泛种植的茶树属于山茶

科、山茶属、茶组和变种，以及它们之间的杂交后代，是由野生茶树经长期自然演化和人工驯化而形成的茶树类型。据科学证实，中国西南地区是全球著名的古第三纪孑遗植物庇护所，也是山茶属的分布中心和起源中心。[①]在云南澜沧江流域的普洱、西双版纳、临沧一带分布着大量的野生型茶树、过渡型茶树和栽培型茶树，该地区栽培型茶树以乔木型、大叶种的普洱茶树为主，而普洱景迈山就处于该区域的中心地带。[②]2023年9月17日，在联合国教科文组织第45届世界遗产大会上，"普洱景迈山古茶林文化景观"顺利通过遗产委员会评审决议，成功列入《世界遗产名录》，成为中国第57处世界遗产。其申遗成功，填补了世界文化遗产中以"茶"为主题的遗产类型的空白。

景迈山能从我国众多名茶产区和古茶山中脱颖而出，成为向世界推介的首座茶山，成为全球首个以"茶"为主题的世界文化遗产，主要得益于以下几个方面：

第一，它是西南地区传统"林下茶种植"的典型代表。傣族和布朗族先民定居在景迈山后，

[①] 国家文物局，北京大学："普洱景迈山古茶林文化景观"申遗文本，2019年。

[②] 邹怡情. 正在申遗的全球第一处茶文化景观：普洱景迈山上. 中国网，http://union.china.com.cn/txt/2020-07/20/content_41225974.html.

在长期探索中巧妙地利用普洱茶树的生长特性，形成智慧的林下茶种植技术，即在森林中砍伐少量高大乔木栽种茶树，形成"乔木层—茶树层—草本层"的立体生态系统，充分体现了不同植物群落和谐共生的自然生态原理，同时也凸显了人与自然、人与茶和谐共生的生态伦理智慧。景迈古茶园占地面积2.8万亩，是当前世界上保存最完好、年代最久远、面积最大的千年万亩栽培型古茶园，被誉为人类茶种植、茶文化的活态博物馆。

第二，景迈山拥有傣族、布朗族、佤族、哈尼族等众多世居民族，各民族在长期茶业生产生活实践中，形成了独特的茶祖信仰以及以"和"为核心的茶文化，茶已然渗透至当地居民日常饮食、社会交往、祭祀祈福等社会生活的方方面面，并超脱物质形态，成为各民族生命源泉的精神图腾。

第三，景迈山的村民们家家种茶、采茶、制茶，茶产业已成为当地脱贫减贫、增收致富的品牌产业和支柱产业。在近些年古树茶价格节节攀升的大趋势下，景迈山并未被现代化的商业气息所感染，依旧保持着原始古朴的历史风貌和生活图景，以翁基古寨和糯岗古寨为代表的9个传统村落镶嵌于一片片绿色之中，传统木质干栏式民居以及佛寺、茶祖庙等文化遗迹保护完整，民风淳朴祥和，村民热情好客，每个角落都弥漫着浓浓的民族风情。

"普洱景迈山古茶林景观"申遗成功，是对遗产地多元价值的重新认知、传承延续与再次创新，也是大力弘扬茶文化、讲好中国故事、做大做强茶产业的时代之需，这对景迈山、对中国茶界而言都是一个里程碑式的跨越。

被钢筋水泥紧紧包裹的现代人，总想到乡野之中寻一处自在，憩息自然，邂逅别样风情，于是满目皆是温柔绿意的景迈山成了许多人心中向往的乌托邦。远离尘世喧嚣，聆听自然旋律，在村寨与云海中相遇，在花与叶的依偎中品味万物和谐的诗意；感怀温厚底蕴，在热闹欢脱的民俗节庆中体会当地虔诚纯净的茶祖信仰；漫步万亩茶林，伸手触摸鲜嫩翠绿的茶尖，感应古老茶树绽放生命的美好；体验古法制茶，在手作中领略茶人的仁艺匠心和对本真的坚守与追寻；悠然赏茶品茗，让心氤氲在袅袅茶香中，乐享恬淡静好的茶味光阴……原生态的旖旎风光、古朴村落和葱郁茶林便是景迈山留给世人最好的馈赠。

千年万亩：景迈山初相

在西南边陲的"绿三角"地带，隐秘着一片神奇的净土圣地。这里有"茶在森林，村在茶林"的原生态和谐景观，先民们以高超的智慧开创了林间开垦、林下套种的传统种植技术，古茶林与参天古木交错而生，与花鸟虫物共栖共存，沐雨露甘霖，撷天地灵气，没有人为的干预侵扰，野蛮而又自由地生长。传承千年的万亩古茶园，是世界上保存最完好、年代最久远、面积最大的人工栽培型古茶园，被誉为"茶树自然博物馆"和"古茶种植活化石园"。这里有少数民族风俗浓郁的文化风貌，傣族、布朗族、哈尼族、佤族等生息于此的各民族友好往来，与世无争，世世代代以种茶、采茶、制茶为生，山民们敬畏自然、尊重自然，坚信万物皆有灵、草木亦有心，当地盛行的茶祖祭祀仪式，更是表达了人们对祖先及大自然馈赠的感恩之情。还有"蜜韵醇柔，兰香悠远"的茶中佳茗，百年茶树上吐着新绿的茶尖，经过本土茶匠古朴的手工制茶工序，摇身一变，成为馥郁绵长的传奇茶品。冷闻干茶，幽幽兰香扑鼻而来，冲泡出汤后，茶汤携裹着鲜甜的毫香，品完茶的杯底，又留有持久的蜜香，带有鲜明的地域口感记忆。这里就是被称为"茶叶天然林下种植方式的起源地"和"人类茶文化史上的奇迹"，已于2023年9月17日被列入《世界遗产名录》的景迈山。

北回归线上的绿色明珠

景迈山位于中国西南边境的普洱市澜沧拉祜族自治县惠民镇，东邻西双版纳傣族自治州勐海县，西邻澜沧县糯福乡，向西南通往缅甸。北距昆明市和普洱市分别约600公里和220公里，西距澜沧县城约50公里，东距西双版纳景洪市约120公里，至中缅边境的打洛口岸约120公里、磨憨口岸约300公里。景迈山的遗产申报区和缓冲区共涉及惠民镇和糯福乡的4个行政村、17个自然村寨，是傣族、布朗族、哈尼族、佤族、汉族、拉祜族等多民族聚集地，总人口6491人。景迈行政村以傣族世居为主，芒景行政村以布朗族世居为主，其中以翁基、糯岗为典型代表的多个村寨被列入"国保省保集中成片传统村落"试点工程。景迈

景迈山远景（范建华　摄）

山是中国普洱茶的故乡，也是云南著名的六大茶山之一，其古茶林是整个普洱市及澜沧县面积最大的古茶林，总面积约1285.13公顷，占全县古茶林面积的70%，主要分布于三个古茶林片区，零星散落于其他村寨，其中景迈片区501.46公顷，糯岗片区202.69公顷，芒景片区526.48公顷。

属横断山系怒山余脉临沧大雪山南支的景迈山，整体山势呈西北—东南走向，西北高、东南低。具体又可分为三个不同的地貌单元：东北部为近西南走向的白象山；西北为西北—东南走向的糯岗山，傣族村寨多分布于此区域；南部为近南北走向的芒景山，又称为"哎冷山"（当地布朗族为纪念发现茶叶的部落首领帕哎冷而命名），布朗族村寨均分布于此区域。这里平均海拔1400米，最高海拔处在糯岗山，约1662米；最低海拔位于南朗河谷与南门河谷的交汇处，约930米。澜沧江水系的南朗河，自景迈山西北方向环绕景迈山的北侧、东侧，在南部与环绕景迈山西侧的南朗河支流南门河交汇后汇入打洛江，最后注入湄公河。由于北面被山峰包围，其他三面均由南朗河和南门河环绕，从空中俯瞰，景迈山遗产区正如一座遗落在浩瀚山河间的世外小岛。

河流的阻隔，使得这里的世居民族早期对外联系颇为不便。南朗河大桥修建之前，陆路交通仅有一条小路，即现在遗留在景迈大寨旁的石铺茶马古道。历史上普洱茶贸易兴盛时期，景迈山的茶叶主要依靠牛马运输，从古道运出景迈大寨后，一部分作为普洱茶供应原料，向北运往普洱府集散中心，再运送至各地（包括被指定为贡茶送往京城）；一部分向西经过南门河桥运往孟连，以及向东经过南朗河过桥，再通往澜沧县、勐海县，经打洛出境。1985年之前，村民都是各家零零散散地炒制晒干好茶叶后，依靠牛帮将毛茶驮到惠民茶叶收购点再往外运，赶街经常需要走一天的路，去外乡念书的孩子只能靠自己步行几天的路程才能抵达，跋涉之难，生计之艰，可想而知。但也正因地势崎岖，景迈山古茶林文化景观才得以完好保存，以飨今人。1985年，南朗河公路桥建成；2008年，景迈山各村寨与外界联系的县道——景迈大道建成通车。如今，景迈山村村通公路，茶客上山，茶农进城，你来我往，构成了这片乡野上的日常图景。

冬季时整个大陆都被冷空气笼罩着，而在景迈山还能体会到温暖如春的惬意感。这里地处北回归线以南，属亚热带立体季风气候，巍峨的青藏高原和横断山脉阻挡了南下的寒流，因而气候温暖湿润，夏无酷暑，冬无严寒，只有干、湿两季，年平均气温18.4℃。低海拔河谷的暖气与高海拔沿山下滑的冷空气形成特殊的对流，使景迈山常年云雾缭绕，云海荟萃，一年中云海出现

云雾缭绕的景迈山（陆家帅　摄）

景迈山上的冬樱花烂漫绽放，明媚动人（范建华　摄）

的时间多达半年之久。每到秋冬季，洁白、轻柔而又湿润的云雾，弥漫在山谷，雾包裹着山野、茶林，将一个个散落在茶山林海间的村寨淹没。缥缈的云雾中，含带着饱满的水分子，它不仅能弥补干季降雨量小的不足，调节着山林所需的湿度环境，也能遮挡太阳光的直射，延长光照的散射面，促进植物的光合吸收。它是甘露，是保护层，滋养着葱郁的森林，也润泽着高山上的古茶树。区内雨热同季，纬度低海拔高，昼夜温差明显，再加上常年云雾的笼罩，出产的芽叶往往翠绿多毫，持嫩度好，茶叶内含的氨基酸、叶绿素和含氮芳香物质更加丰富。

世居民族与茶的故事

第四纪冰川后，大量物种灭绝，而地处北回归线地带澜沧江流域的山茶科植物得以孑遗幸存，成为世界茶树的起源。在景迈山的布朗文化园、哎冷山古茶林中，有两株大茶树遗留着野生茶树的影子，一般人工栽培型茶树有3条雌蕊花柱，而这两株茶树的花柱为4条，其花瓣数、叶形也具有野生茶组植物的特征，可以证明野生茶树曾经在此存在过。布朗族、傣族先民迁入之前，景迈山还是一片深邃苍茫、未经开发的原始森林，盘根错节的野生茶树隐落于其中，默默地生长着。关于先祖发现野生茶树价值并加以利用的历史，各民族间各自流传着家喻户晓的古老故事。

据布朗族文史资料记载，茶是布朗族祖先在迁徙途中意外发现的。景迈山的布朗族先民最早居住在"勐些"（今昆明市滇池一带），后来迁徙到"勐卯毫法"（今德宏州瑞丽市一带），后因族群间爆发资源争斗，以帕哎冷为首领的部族便继续往东北方迁徙，寻找生息繁衍之地。一次争战，让布朗族祖先遭遇了流行病的侵袭，整个族群命悬一线，因患者全身无力，眼睛发黑，食欲不振，族人们只能停下脚步回到森林中休养生息。就在族人们感到无奈而又绝望之时，一位先人偶然嚼食了身旁大树上的叶子，岂料不适感完全消失，大病痊愈，于是大家纷纷采摘树上的叶子食用，这棵神奇的树就这样挽救了整个族群的性命。从那以后，这棵树上的叶子便成了布朗族先民神圣的药品，因其具有提神醒脑、消炎解毒等特殊功效，为了与其他树叶区分开，首领帕哎冷为其取名为"腊"，这个称呼沿用至今。但当时"腊"并不多见，为了满足布朗族先民生存的需要，首领帕哎冷要求在迁徙途中，若看到"腊"这种树，族人们必须做好标记，以便需要时采摘，并有计划地将茶树进行人工移植栽培。因此，凡是布朗族居住过的地方，或多或少都会留下人工种茶的痕迹。大约佛历七二三年（180年），经过漫长的迁徙，帕哎冷率领族群来到了"芒景汪弄翁发"（今芒景村一带）。这里气候宜人，森林密布，资源富饶，森林中还生长着许多"腊"，再加上山区位置偏僻，其他族群不易进入，帕哎冷便决定在此安家建寨，开荒种地，在狩猎的同时，也开始栽培茶树。他们从森林中

芒景民居（范建华　摄）

带回野生茶籽和茶苗，种植在寨子周边、房前屋后，对野生茶树进行驯化，茶树从一棵到数棵，再到成片成山，数十代布朗族人民的辛勤劳作和用心呵护，换来了今天壮阔的芒景千年古茶园景象。

据有关傣文资料记载，在很久以前，勐卯毫法一带居住着一支庞大的傣族部落，人们以狩猎和采摘野菜野果为生。随着部落规模的壮大，食物供应越来越匮乏，部落王子召糯腊只好带着部分族人重寻新的生活之地。他们顺着澜沧江南下，一路跋山涉水，不畏艰险，来到了现在的澜沧县境内。有一天，王子召糯腊带着随从上山打猎，追逐一只金花鹿来到了一片葱茏的森林，这里有着壮美缥缈的云海，绚丽多彩的霞光，漫山野花摇曳绽放，风景迤逦，土地肥沃，却没有人居住过的痕迹。召糯腊认为此地是一座绝佳的绿色仙境，于是带着妻子喃应腊、子女以及族人在此建村立寨。一日，喃应腊突然得了一种怪病，服用了众多名药材身体也不见好转，王子心急如焚，急忙上山亲自为妻子寻找药材。在森林中他看到一种形状特别的绿叶树，开白花，有果如佛珠，于是随手摘了片嫩叶放入口中嚼食，发现叶子清香鲜爽，甘甜生津，便带回家给妻子煮食、沐浴，慢慢地妻子身上所有的疾病都"腊嘎"（傣语"腊"意为"丢掉"）。召糯腊发现这些绿叶药效神奇，便将其取名为"腊"，并召集臣民将其种子撒遍山间，世代种植以惠泽后人，历经千年岁月的沉淀，便有了如今遍布景迈山谷的万亩古茶林。

虽然各民族迁徙至景迈山进而开辟茶林的具体时间尚待考证，尊奉的茶祖也不尽相同，但是几千年来，世居在此的傣族、布朗族等民族相互依存，和谐共生。正是无数代人的传承与自觉，才让这片被自然偏爱的土地留存至今，才让古茶树历经千年风雨后依旧生机盎然，吐蕊报春。

在当地民族眼里，人是自然的产物，森林是父亲，大地是母亲，人必须依赖自然界的万事万物而生存，因此他们对山地、森林的保护利用，尽显巧妙的生活与生态智慧。海拔最高的山顶是世居民族的神山所在，神山中的森林不得砍伐，以留作水源涵养之用；古茶林和村寨位于山地的中部，择址建寨颇为讲究，一般围绕神山建在西坡或北坡，海拔1400米左右，位于云海之上，并以村寨为中心，周边种植茶树，便于管理养护茶林，古茶林外围还保留着分隔防护林，充当着生态缓冲带的作用，以阻隔病虫害传播、抵御大风低温侵袭；海拔较低的河谷区域则开垦为耕地，耕地距离村落较远，一般在1.5公里以上。他们崇拜山川草木，逢年过节常祭祀不同的自然神，以祈求来年风调雨顺，五谷丰登和身体安康。每个村寨都有着自己的"竜林"（又称"竜树林""竜山"），一般选寨子背后的一级水源林。竜林可保水土，是天然的"绿色水库"。竜林也被供奉为寨神和山神的居住之地，不得随意进出，不能捡拾残枝落叶、鲜花果子，更不得采集、狩猎和砍伐。众人以崇拜的方式敬仰着大自然，又以禁忌的方式呵护着大自然。

各民族在长期的生活实践中所形成的这种尊重自然、爱护自然的生态观，正是他们生态文明思想的重要文化遗产，也正因如此，这片有着厚重历史的古茶莽林才能够保存至今。他们坚信自己是茶神的子民，心怀感恩敬奉祖先，秉承遗训守候茶树，世世代代以茶为生、与茶相伴，并在独特的文化和信仰中，融合茶的天性，创造了富有民族特色的茶文化。在景迈山，茶是各民族赖以生存的物质保障，也是各民族情感维系的纽带和结合点，不仅具有提神解渴的品饮价值，还是医治百病的良药、辅以佐餐的佳肴、乡里往来的礼物，已成为当地人生命中不可或缺的一部分。

古老的茶神祭祀仪式〔陆家帅 摄〕

景迈柏联

　　位于澜沧县惠民镇上的柏联普洱茶庄园，是世界上第一座以普洱茶为主题的现代庄园。也是茶客登上景迈山的第一道"绿色关卡"。这里距离景迈山千年万亩古茶园约18公里，半小时车程就能抵达其核心景区。不少奔着景迈山之名而来的茶客，会选择在这个远离尘世喧嚣的"世外茶园"小憩一两天，深度体验纯净如洗的茶意生活。当前庄园拥有1.1万亩自有茶园基地和景迈山2.8万亩合作茶园基地，是涵盖"茶园、制茶坊、茶仓、茶道、茶山寨、茶祖庙、茶博物馆、茶会所"八大核心内容，以茶为主题，一二三产业融合发展的茶庄园范本。在景迈柏联，你可以漫步于清香沁脾的有机茶海，眺望远处云雾弥漫的缥缈茶山，体会大自然带来的至美纯真；可以亲自制作一饼镶嵌着个人心愿的普洱茶，用手作的温度还原茶之本味；可以伴着古雅的音乐欣赏云茶

柏联普洱茶庄园（柏联 提供）

天使表演茶艺，感悟各民族与茶相生相依的地域文化；可以品茗一杯庄园宫廷级窖藏好茶，所有的纷繁芜杂都抛至云外，只留宁静致远、禅茶一味在心间；可以回到推窗即茶园的山景房，伴着点点繁星、古寨灯火，于交融的茶香和柚木香中安然入睡……在探寻景迈秘境的旅途中，趣掷一段风尘俱静，与茶结缘的庄园慢时光。

这座隐逸避世的"雨林后花园"，既看得见自我个性，也装得下当地风情。庄园内建筑群落的设计，依旧延续简约内敛、古典雅致的新中式风格调性，没有过于复杂的装饰器物，繁茂盛开的热带植物，摇曳生姿的万亩茶树，就是对柏联普洱茶庄园最好的点缀。后现代的美学意蕴融合傣族、布朗族传统民居的特色元素，如木材、茅草、挂瓦、干栏、回廊、尖顶，构造出极富地域风情的傣寨生活风貌，让人备感有温度的意境之美。庄园尊崇"天人合一"的传统理念，制茶坊、体验馆、酒店、茶窖与一望无际的绿野相融，近可赏茶园风光，远可览景迈神韵。5个极具拉祜族特色的养生水疗亭，错落有致地隐映于生态茶海间，在悠悠茶香中卸下焦虑与疲惫，尽享养身养心的禅静时刻，好不惬意。在这里，茶不只装载于杯中，还存在于浴汤、西餐、空气以及梦乡中。

被茶园包裹的几大建筑中，有一幢老旧的

房屋略显"突兀和格格不入"，两旁早已斑驳的石阶，沾着红泥土的褪色砖墙，门前夹着裂纹的泛白水泥柱子，还有那原始的歇山式木质屋顶，透露出岁月沉淀的厚重气息。"这里是柏联普洱茶庄园的前身——老惠民茶厂的旧址，我们在不改变旧址外观原貌的基础上，充分利用内部空间，一部分作为制茶车间，一部分作为审批研发部门的办公区，还有一座塔楼就是如今的茶窖中心"，庄园的茶艺师小青在带领我们参观时介绍。这座建造于20世纪六七十年代的建筑没有被设计添加奢华的现代风格，想必与它承载了几代人对惠民农场的记忆分不开，它记录着过去知青和茶农们挥洒的热血青春、豪情壮志，也见证着惠民茶厂推动澜沧乃至云南茶产业发展的高光时刻。就像庄园的常务副总经理邱湘衡所言，"没有那一段时间知青、茶农的艰苦付出，没有惠民茶厂栽培的万亩茶园积淀，就没有现在的柏联普洱茶庄园"。2007年，柏联集团扛起景迈山茶业发展的重任，对因体制问题发展艰难的惠民茶厂，连同债务、茶园基地、员工、茶农进行承载式收购。邱总称："改制时茶场有204名员工，只要认同集团理念，愿意继续留下来，公司一并接受。目前仍在庄园工作的老职员有几十人，不少已退休被返聘回来工作的老职员，改制时工资只有800块钱，如今薪资已达上万元。"如今，新的故事在这里延续。柏联庄园接替老茶厂后，变的是管理运营模式和理念，以法国葡萄酒庄园为蓝本开创集种植、生产、贮存、品牌运营、旅游体验于一体的茶庄园新业态，不变的是对惠民农场那股"顽强奋进、敢为人先"拓荒精神的吸纳传承。

在惠民茶厂旧址内有一个偌大的茶叶精制车间，被评为"茶园里长出来的制茶坊"。为了让游客对柏联普洱茶的规范生产流程一目了然，庄园有意识地设计了一条供参观的通道回廊。透过制茶坊洁净明亮的落地式玻璃窗，可见身穿军绿色工作服、戴着灭菌口罩的制茶师傅熟练而敏捷的忙碌身影。在一双双巧手的"协助"下，新鲜采摘的茶叶不落地地经过洗茶、摊青、揉捻、拣剔、拼配、摊凉、压制等数十道工序，于传统制茶工艺与现代机械标准化技术的双重礼遇间，凝萃成纯正至臻的茶品，接受我们味蕾的检验。

"以前这边都是土路，车一过尘土飞扬，路边的茶树经常堆积厚厚的灰尘，因此需要先给鲜叶洗个澡，把灰尘、杂叶、昆虫清洗过滤掉，现在周边生态环境改善后，洗茶机的使用就没那么频繁了"，茶艺师小青说，"为了避免运输途中茶叶被捂黄或沾染杂质，保证鲜叶的嫩度和品质，除了这一个精制车间外，我们还在附近的生产队村寨建立了三个初制所，制成干毛茶后再统一运到庄园压制包装"。繁复的工序，对品质标准的严苛把控，只为让茶以最佳的状态呈现出来。当前柏联普洱茶庄园的年加工能力为初制茶1000吨，精制茶3000吨，年产茶量800吨，除了传统线下销售渠道、内部酒店茶室展销外，也开启了淘宝电商线上推广运营模式。"线上售卖的大多是伴手礼之类的、针对年轻消费群体的大众化产品，庄园接线下私人定制、企业定制比较多，客户如果需要高定版全手工制作的古树茶，我们会以景迈山茶叶合作社代加工的方式满足茶客个性化需求。客户也可以选择定制庄园的时光仓窖位，提升普洱茶的珍藏价值。"带有专属印记的普洱茶在原产地的微生物环境中越陈越香，经过时光的雕琢变得更加柔和、甘甜、顺滑。

从柏联庄园出来，转弯前往景迈山的路上，几排显眼的墨绿色标志牌静静地矗立两旁，上面标有譬如"4队382亩82户"的字样。顺着标识放眼望去，一梯梯茶树随地形绵延起伏，犹如天然织就的碧毯，成畦的芽叶青翠透亮，流溢着氤氲悠远的茶香。身穿民族服饰的采茶姑娘迈着轻盈的脚步在茶地间穿梭，双手灵巧地将茶芽采入竹篓，袅娜的身影映衬着满山的碧绿，勾勒出一幅盎然惬意的采茶图景。这里属于柏联普洱茶的自有茶园基地，除1100亩的无性系品种外，其余茶树都嵌入了景迈山独特而珍贵的原生古茶树基

柏联庄园内套种的各种花果树木，展现了丰富的生物多样性（范建华　摄）

因，是20世纪七八十年代惠民农场的职工们在秋季农闲之时，徒步20多公里去景迈山古茶园挑来茶籽，再利用现代植茶技术育苗栽培而来的，渗透着景迈山古茶树种品质上乘的天性，也承载着几辈茶人坚韧而辛勤的耕耘。

借鉴景迈山古茶园"传统林下种植"的生态智慧，柏联庄园遵循茶树生长规律，历经十余年将过去惠民茶场留下的台地茶成功改造为通过欧盟标准的有机疏林茶园。每10—15米放养一蓬茶树，以保证茶树对养分的充分吸收，茶行间高枝留养的茶树树径大多已达45厘米，平均树龄60年上下。茶园里套种了近十万株有益植物，樟树、西番莲、灯台叶、杧果、紫檀、冬樱花等花果树木与茶树互聚灵气，相伴共生，既为茶树找到适宜的光源、遮挡太阳的炙热，还能在预防病虫害的同时保证茶叶的有机性。丰富的生物多样性维持着茶园的生态系统平衡，"吃水果长大的柏联普洱茶"品质自然极佳。茶叶种植也全部改成经过欧盟认证的有机肥料，不沾染农药化肥、除草剂，以接近原始状态的自然生长，保留茶叶最纯粹的本味。为了确保茶山茶园生态环境的协调稳定，庄园会定期对疏林有机茶园及周边环境进行数据化的调查和检测，让茶园里的每一片茶叶都成为可追溯的生态好茶。

对于自有茶园基地，柏联普洱茶庄园按照

绿影婆娑（柏联 提供）

"公司+基地+茶农"的模式开发运营。基地承接过去惠民农场时期的管理形态，以生产队的形式分摊管理，原先划分给各茶农的地块范围不发生变动，当前茶园的管护工作依旧由23个生产队896户3048人负责，其中90%的员工是当地傣族、哈尼族、拉祜族、佤族等少数民族茶农。茶农拥有对茶地管护的适当自主权，但茶叶从种植到采摘的所有流程必须按照柏联规定的统一标准完成。采摘鲜叶的数量和等级决定了茶农收获劳务费的水平，拥有庄园内部颁发的有机茶认证证书的茶户，通常能获得更高的鲜叶收购价格。自2007年庄园正式运营以来，邱总便一直坚守在这里，就像他自己笑称的那样，"从一个年轻小伙变成了一个小老头"，将美好的青春年华献给了柏联，献予了景迈山。15年来，他见证柏联普洱茶庄园一路走来的铿锵成长，也目睹当地乡民们从衣食堪忧到怡然而居的全面蜕变。谈及10多年前惠民镇茶农的生活状况，邱总觉得用"贫瘠"来形容都不为过。由于地形和土质等因素的影响，当地村民除了栽培茶树之外，没有其他任何经济收入，而那时候的台地茶已然被视为"低等级的通货"，村民每月的收入微乎其微。他们食用的稻米和蔬菜必须依靠旁边勐遮镇的傣族拉上来售卖，售卖方式可以是现金购买，也可以以物换物，但前提条件是"不赊米"，一个"赊"字，深刻道出了村民们过去生活的冷暖艰辛。而如今，在柏联庄园对当地茶产业、旅游产业的持续带动下，老百姓的生活水平实现了大幅度跃升，目前每家每户人均年收入都在3万元以上。

为了减轻茶农的劳作成本，柏联统一购买有机肥料再无偿发放给茶农使用；采取人工除草的农户还可额外获得60元一亩的补贴金；茶农还可参与旅游接待、少数民族篝火晚会表演，每场获得100元的文艺演出费；庄园根据茶叶市场交易行情，每年提高10%—15%的鲜叶采购薪资。2019年春季老品质鲜叶市场价格为4.5元每公斤，庄园给予10元每公斤的联保价格，以保障茶农收入的稳定增长。邱总说，景迈山夏季雨水多气候潮湿，夏茶很难制作成晒青毛茶，因此只能采摘回来做成烘青绿茶，但是这样制作出来的茶品价格极低，每斤才十几块钱。为了保证茶农这四五个月的收入不间断，柏联普洱茶庄园以市场双倍的价格买下茶农的鲜叶，应收尽收，制作成烘青茶胚再折价销售给广西花茶原料厂商，每年的夏茶亏损额就达三四百万元。2020年受疫情影响，庄园未进行春茶生产，但复工后便对2020年夏季和秋季的鲜叶按照2019年春季鲜叶价格收购，以补贴疫情对茶农收益造成的冲击。即便夏茶亏损不菲，庄园还是十年如一日地坚持着高价收购茶农鲜叶的惯例，为当地脱贫致富、茶叶的可持续发展贡献一份力量。

对于景迈山古茶园基地，柏联普洱茶庄园采用"公司+基地+合作社"的模式展开合作。邱总告诉我们，景迈山还未申报世界遗产的时候，柏联普洱茶庄园在勐本老寨设有"5加工车间"，收购村民古树茶鲜叶在车间制茶，后面为了配合政府申遗工作，便在山上撤销加工车间，改为与景迈村和芒景村两个村的大型合作社签订古树茶原料采购合同。目标合作社按照庄园要求的制茶工艺标准，以统一的技术标准、统一的初制设备，代加工毛茶原料。庄园每年会派遣技术员上山为各大茶叶合作社提供专业化的制茶培训活动，无论是否为已签订合同的合作社，只要愿意参与交流，庄园都可以无偿提供制茶技艺指导。柏联普洱茶庄园与山上的茶叶合作社以双向合作，促互利共赢，合力缔造独具地域特色的茶品牌，推进茶文化、制茶工艺传承创新，与世界共享景迈山的茶韵之美。

柏联普洱的Logo形象中，承接着阳光的"生命之树"，在一位身姿袅娜姑娘的托举下，枝繁叶茂，生生不息。柏联也成为托起景迈山古老茶树吐翠纳新、蓬勃生长的中坚力量，为守护世界茶原地景迈山的可持续发展，继承弘扬景迈山的茶文化、民族文化，实现中国茶产业民族品牌的崛起，铺路架桥，添砖加瓦。正如柏联集团董事长刘湘云所言，"柏联与景迈山，在这里遇见，就是一眼万年，就是一生"。

高山上自带野韵的生态茶林

　　沿惠民段公路蜿蜒而上约7公里后，一座木制牌匾上刻写着"景迈山"的高大山门跃入眼帘，山门口设有安检站，执勤人员会对来往车辆进行仔细检查，确保未夹带外来茶叶、化肥农药等违规物品后，游客才被允许踏入景迈古茶山的地界。当地人这样安排，自然有他们的道理，景迈山的山坡林地、房前屋后，处处有茶，人人爱茶，树龄过百年的古茶树比比皆是，含蓄稚嫩的小茶树也已有机地改造为生态茶，齐心呵护好棵棵茶树、片片茶林是村民们的恒久追寻。穿过横卧于南朗河的景迈大桥，车子开始不听使唤地上下弹动，人也跟着有节奏地腾空、下落，似有乘"突突作响"的蹦蹦车之感。和入山前行驰过的柏油路不同，这里的路面由碎石块铺筑在砂垫层，经碾压后成型，被称为"弹石路"。不少来景迈山的游客都会纳闷，弹石路凹凸不平，车辆

走进这道门，便开始了我们的"绿色中国茶山行"之景迈山之旅（范建华　摄）

容易颠簸打滑，这些年古茶树值钱了，村民们家家制茶，年收入少则二十万、多则上百万，何不换成宽阔舒坦的沥青水泥路呢？其实这是出于绿色环保的考量。黄土路晴天易扬灰，雨天易泥泞；柏油路本身就有味，挥发出的气味和化学物质容易附着于茶树之上，进而影响茶叶的品质；而弹石路生态无污染，渗水能力强，这种取于自然又融于自然的原始石材，是不破坏茶树生长环境的最佳选择。

十八弯的山路两旁，一排排由台地茶改造而来的生态茶树，如绿绸带般平行地萦绕在山坡上，随山峦走势高低起伏，错落有致，再衬上周边花儿的点缀，宛如一幅明媚的江南春色图。每年的春茶采摘期，也成了景迈茶山行最拥堵的高峰期，挂着各地牌照的车辆沿着蜿蜒崎岖的山路疾驰而上，队伍堪比豪车游行。这些驱车而至的友人们无疑为茶而来，他们所要探寻的茶是密林腹地中不近凡尘的古茶树，而并非主人呵护下中规中矩、温文尔雅的小茶树。山坡上这些低矮的茶树，即使努力吐芽，努力生发，用摇曳的身姿欢迎着远道而来的客人，也留不住茶友们的驻足赏识。它们与茶客的蓦然邂逅，终以擦肩而过的抱憾方式不了了之。如今，大众对古树茶的追捧，用痴迷来形容都不为过，茶价是最直白的体现。临沧的冰岛古树茶、布朗山的班章古树茶，价格每公斤已破万元，其他山头茶如景迈山古树茶、曼糯古树茶售价也达上千元，而台地茶便宜的只要几十元一公斤，价格能卖上两百元的都算生态有机茶了。

正所谓"三十年河东，三十年河西"，数十年前，在普洱茶界引起轰动反响的，并非生于荒郊野外的古树茶，而是代表先进生产力的台地茶。中华人民共和国成立后，国内形势趋于平稳，茶叶重新回归大众视野，老茶园修复，茶业复工复产等工作有序展开。1953年，我国在全国范围内对农业、手工业和资本主义工商业实施社会主义改造，云南茶叶随即被纳入统购统销的商品范畴之内，由政府统一收购、调拨和分配。当时云南本地人爱喝滇绿，外销茶的出口多以滇红为主，而采用古茶树鲜叶加工出来的滇绿口感苦涩，性寒凉，加上古树茶产量甚低，采摘困难，根本不受人待见，收购价也和台地茶没多大差别，甚至比台地茶还低。

1966年，由澜沧县政府组织在景迈山开设的茶叶示范培训基地，燃起了景迈山现代茶园种植的火苗。一群来自农村和孤儿院的有为青年走进景迈山，勤学苦练育苗种茶，在山上开辟了两三百亩利用古茶枝条扦插的新式丰产茶园，这也是澜沧县科学种茶的第一次实验。20世纪七八十年代，为了迎合时代需求，提高茶叶产量，南段联办茶厂、惠民农场、勐根农场、惠民联办茶厂精选景迈山优质古茶树种源，借鉴现代茶园种植管理技术，大力推进澜沧县现代茶产业发展。随着现代植茶技术的大范围普及，1992年在惠民乡老乡长的带动下成立景迈芒景联办茶厂，并利用景迈山的轮歇地种植了两千多亩实生苗台地茶。从1992年到2001年，是景迈山规模化开垦台地茶园的十年高峰期。台地茶分布在邻近古茶园的森林和原来种植旱谷、玉米的轮歇地，海拔位置比古茶林低，形成了景迈山古茶林与台地茶共生共存的自然生态系统。

与其他茶山受"农业学大寨，工业学大庆"以及"改造低产茶，推广台地茶"时代风向的影响，大批老茶树被台刈、矮化甚至惨遭砍伐不同，景迈山万亩古茶树完整地留存至今，千百年来郁郁葱葱，枝繁叶茂，滋养着生活在这方土地的人们。"90年代初期，景迈山茶树鲜叶的售价是一块钱一公斤，当时联办茶厂只收购台地茶鲜叶，采摘的古树茶鲜叶由自己加工成毛茶后再卖给外贸局、商业局。村民们看到台地茶价格卖得更高，一亩台地茶能采摘的鲜叶量差不多是古树茶的十倍，不少人蠢蠢欲动谋划着把山上的古茶园砍伐掉改种台地茶，但是因为茶林里有很多高大的乔木，要把茶树和其他花草树木全部砍掉替换为等高密植的台地茶需要耗费大量人力物力，

在参天古木映衬下得以保留至今的古茶园（范建华 摄）

再加上这些生长了几百年的古茶树是大自然和老祖宗留给我们的鲜活遗产，砍掉了可惜，也会心生自责。经过乡里领导和一些茶叶专家的深思熟虑，还是决定把古茶林保护起来，另寻空地开垦茶园。"芒梗村景迈世家创始人岩恩的父亲岩晒和其他村民一样，庆幸着这些活化石般的茶树依旧健在，不然先民传统林下种植的生态智慧、以"和"为核心的茶文化、民族文化何以守护传承，景迈山作为全球第一处茶文化景观申遗也将失去本真的特色。

进入21世纪后，在市场需求趋于多元、传统普洱茶强势回归的路上，早期台地茶园的种种缺陷逐渐显露和放大。为了增加光照，茶园里一般不保留其他植物，单一林相使茶树易招致病虫害侵袭，增施化肥农药催产，又让人心生茶叶农残超标、品质低劣的疑虑，"密植高产""喷药施肥""中耕修剪"等茶园原先秉持的硬性标准，就必然需要重新定义修正。2007年柏联庄园入驻当地后，探索性地将过去惠民农场遗留的1.1万亩自有台地茶园基地改造升级，采取"生态多样性+稀疏留养"的种植模式，模拟古茶树生长环境，恢复茶园自身生态系统。2010年，在上级党委、政府的倡导与支持下，景迈山率先掀起云南省生态茶园建设的风潮。在原来的茶园中移除70%的茶树，即每亩1000多株茶树中只保留300—

古茶树上的附生植物石斛（范建华　摄）

400株，重新调整茶树之间的间歇，降低种植密度，并补种对茶园生态系统平衡、景观环境有益的花卉和遮阴树，不施肥不撒药，以生物链的方式消除病虫害，每年仅人工除草两次、翻土一次，让修剪下来的枯枝落叶化为肥料回归自然，从而形成立体多层、物种混生的有机疏林茶园。

茶园改造期间，普洱市政府承诺对计划稀疏留养的台地茶每亩补贴300元，并安排茶叶公司以每公斤200元这一高于市场价的价格收购景迈山古树茶，弥补茶农因茶产量骤减带来的短期损失。在亲历示范基地生态茶的品质及价格均呈几何式上涨后，村民们纷纷主动将剩下的台地茶园进行稀疏留养，昔日树形低矮的台地茶经过十几年的生态改造，已恢复其"乔木"的本来面目。这些生态茶树经过自然的深刻雕磨，千百年后又会成为苍劲斑驳的古老茶树，以傲骨的风姿将万盏茶香馈赠给每一个厚爱它的人。

屹立千年的万亩古茶林

　　海拔千米的高山密林中，古茶树安静地屹立着，或单株散生，或成片分布，呈现出"远看是森林，近看是茶林"的奇丽景象，放眼望去，入目皆是一片鲜绿。

　　在景迈山，茶树无论多么遒劲挺拔，都处在第二梯队。上面是茱萸、木荷、多衣、红椿等参天古木，既为茶树遮风蔽阳，增强光照的漫射效应，也营造出温和湿润的小气候环境；下面铺就着如绿毯般的草本植物，互汲养分，多元共生，伴随着落叶缤纷，昆虫栖息，花香鸟鸣，自成一个立体分层、天然平衡的生态世界。枯枝落叶厚厚地堆积于土壤之上，经过微生物菌群的有氧加工，又回归土壤化为有机肥；当病虫害警报声敲响，鸟儿、蜜蜂、花蜘蛛等茶林守护神便纷纷冲锋上阵，用食物链的方式诠释着"你好，我也好"的自然真谛；林间还散漫地生长着姹紫嫣

大平掌古茶林内苍劲斑驳的古老茶树（范建华　摄）

红、竞相绽放的野花，古茶树在木花果香的交织下，气韵饱满，自带原野香。

古茶林中的茶树顺缓坡而种，株行距没有明显的规律，树高一般为2—5米。1公顷内茶树数量超过1000棵，按茶林面积来估算的话，域内茶树总量已达120万株。茶树的基部干围在0.12—0.30米之间，树冠直径2—6米。据官方数据统计，景迈山树龄过百年的茶树占比9.8%，树龄150年以上的茶树占比0.7%，其余均为百年以下的老茶树以及改造后的生态茶树。现存最古老的茶树位于芒洪后山和大平掌古茶园，树龄已超过300年。通常说的"千年万亩"是指这里种植茶树的历史已有上千年，古茶园面积超过万亩。

对于景迈人来说，爱这座山的方式，就是要把它守护好，因此村民们对古茶林的管护既放任又严苛。放任在于一切遵从自然发展规律，给予茶树野放生长的自由；严苛体现于扎根在心中的村规民约，任何人不得对古茶林及周边环境肆意破坏。茶林不打药、不施肥，每年仅人工除草两次，三到五年翻土一次；林中的昆虫鸟兽被视为神灵般的存在，不可猎捕食用，即使珍贵名木倒下，景迈山人亦任其自然腐化回归大地；坚定摒弃竭泽而渔式的短视之举，一年只采茶两季，3—4月为春茶采摘期，8—9月为秋茶（谷花茶）采摘期，夏季和冬季属于禁止采茶的"封林期"，让

用栅栏围护，被当地人尊奉的茶树王（范建华　摄）

茶树有充足的时间休养生息。风调雨顺的年头，能丰产更多的茶叶，大伙固然欣喜，如遇天灾，茶树衰老退化，也不会强行采摘，只是减产而已，几十代人就这样以敬畏之心、自觉之举，践行着对茶的热爱。

若将景迈山看成一座美如桃源的世外小岛，那大平掌和哎冷山则是两颗镶嵌于其中的璀璨明珠。

大平掌位于景迈大寨南部山间小盆地之上，是景迈山茶叶的核心产区，也是当地傣族古茶林的典型代表，茶林面积约8000亩之广。树干高10余米，直径50—80厘米粗的巨大乔木分布于茶树间，形成典型的古茶莽林奇观。跨过一排刻着"景迈山古茶林"的标志性石碑，便进入了满眼生机的植物王国。这里的地势恰如其名，平坦而又开阔。行走在碎石铺就的大道上，视线会被不同层次的绿色铺满，苍翠繁茂的长尾莱萸犹如身穿伞裙的孔雀公主，扬起纤纤玉手翩翩起舞，欢迎着远道而来的朋友；路旁艳紫妖冶的巴西野牡丹越过栅栏调皮地探出小脑袋，热情而又奔放地向你打招呼献风韵；百年茶树身姿傲立，那虬曲而又苍劲的枝干仿佛在向人们述说着岁月更迭的灵趣故事，有温度的历史画轴在这里徐徐展开；阳光透过枝叶的缝隙洒在布满褶皱的树干之上，树根上的蕨类植物顽强地攀爬蔓延，一只花蜘蛛

景迈山大平掌古茶林（范建华　摄）

宝宝正在编织好的巢室中安然入睡……这片绿野仙境中，似乎永远没有单调与寂寞，草木生灵都在宣示着生命原本的坚韧与灿烂，闭上双眼，吮吸鲜花、野果、古茶的清甜香气，感受原始的旷野和直达心底的舒坦，仿佛自己也变成了茶林里的一朵花、一棵树，与自然万物共生息，融一体。

沿着侧旁小径深入茶林腹地，便可以零距离地与星罗棋布的古茶树群亲密接触。一棵棵古茶树虽树龄有别、姿态各异，树根却都深深地扎进松软的腐殖土里，遒劲斑驳的主干坚挺直立，枝干虬曲横生，枝头正悄悄地冒出肥壮鲜嫩的新芽，枝丫间密布着苔藓、藤蔓、寄生兰花等。还有一种被当地人称作"螃蟹脚"的附生植物，这种青绿色的小精灵，枝节扁长，因形如蟹肢而得名，最长的"螃蟹脚"可达近两米，一般寄生在树龄较高的古乔木茶树上，吸取山川精华和茶树灵气，凝集着极高的养生价值。过去"螃蟹脚"的经济属性尚未显现之时，茶商收茶时经常通过茶叶中是否夹带"螃蟹脚"来评判茶叶的原产地及品质高低。近些年，"螃蟹脚"清热解毒、降"三高"、抗肿瘤的保健功效被市场认知。"灵药"鲜食有一股淡淡的青涩味，晒干可用来煲汤、沏茶品茗以及用作药引，因生长缓慢，数量稀缺，一公斤晒干的"螃蟹脚"市价可达5000元。

在茶林的每小片区域内，都有一株被栅栏围起来的高大茶树，古朴厚重的同时又让人心生神圣和敬畏之感，被当地人尊奉为"茶树王"。茶树王一经选定，便不能随意进行改动，村民们来茶地干活，吃饭前要先给茶树王供奉饭菜，以示尊敬，春茶采摘时也会进贡茶树王，祈求茶芽勃发，茶山四季常青。茶林原本有5棵茶树王，几年前从外部引入美国进口的生物肥，本想通过施肥滋养，增强茶树的抵抗能力，怎料施肥三个月后，一棵有几百年历史的茶树却悄无声息地倒下了，原来古茶树精养不得，呵护过度了，茶树反而衰老枯竭。从那以后，村民们吸取经验教训，谨遵茶树天生天养的自然规则，严禁对其多加干预。由于每年上山祭拜茶神的人数过千，人多踩踏茶地，容易造成土壤板结，清理带上山的垃圾也耗费精力，加上预防火灾的需要，从2015年出台《景迈山保护条例》后，祭祀地点便改在景迈大寨的召糯腊茶祖庙。

　　哎冷山古茶林是当地历史最为悠久的茶林，茶林面积7900余亩，有古茶树34万余株。相传布朗族首领帕哎冷为抵御外族入侵，带领族群迁徙，最早定居于哎冷山（又称芒景山），并利用原始森林大规模地人工栽培茶树，以高超的生态和生存智慧，孕育出林茶互生、人地共荣的地域风貌。为了缅怀祖先，感念先人的功绩，当地便将这座承载布朗族前世今生，印刻千年文化记忆的山命名为哎冷山。从芒景上寨后的小山路往上走，便可沿途饱览哎冷山的旖旎风光，参天古木与苍虬茶树相依相生，相映成趣，郁郁葱葱的保护伞遮挡了刺眼的光亮，新鲜的阳光轻轻地洒落在嫩绿的茶芽上，油绿的青草上，还有每个人的脸颊上，这般温柔的沁润，将一路攀爬狭陡石阶的疲乏统统蒸发，邂逅林间芳华的憧憬与期待随之升腾而起，跃然心上。

往山上走，一棵生长在石阶上的茶树格外显眼。修路之前古茶树就已在此扎根多年，后来为了行人方便，在不损伤茶树的基础上将其嵌入石阶内，营造出一种崇敬而神圣的仪式感，人们须弯腰低头从茶树枝叶底下穿过，沾沾古树的灵气，才能继续前行。然而并不是所有茶树都能如此幸运，一棵长在大树下的枯萎茶树，只留下蚀空的树根，在身旁擎天古木的映衬下，略显落寞和凄凉。不少人按形态猜测大树比茶树的年龄大，实则茶树是大树的爷爷，甚至太爷爷，大树从茶树怀里长出来后，便不断争夺土壤的养分，将茶树慢慢包围直至完全压倒对方占领地盘。物竞天择，适者生存，是亘古不变的自然法则。

顺着红砂石铺就的茶路迈向山顶，可见古茶树间空地上搭起的茶魂台，这是当地布朗人民祭拜茶魂之地。祭台中间粗大的茶魂柱是茶祖的拐

哎冷山古茶林一棵形似山门的枯萎大树（范建华　摄）

杖，中间的木板代表彩云，它们是茶祖帕哎冷与上天沟通交流的纽带。四角设有四组祭祀柱，意为四面八方前来祭祀茶祖，祭台四角的五柱，则分别代表着树神、水神、土地神、动物神、昆虫神，以启示后人要善待自然，敬仰自然。布朗族每年4月中旬举办"山康（龛）茶祖节"，而四年一度的大祭仪式，则必须在茶魂台举行。当地"一祖五神"的原始崇拜传统，承载着人们对祖先和大自然馈赠的感恩之情。

哎冷山南端的七公主坟，是先祖帕哎冷与傣族七公主相濡以沫的爱情传奇，也是各民族世代和睦，友好往来，互帮互助的历史见证。相传西双版纳的傣族七公主南发来嫁给布朗族首领帕哎冷后，将先进的生产技术带到了芒景布朗山。她教布朗族纺线织布，耕田种地，学习傣文，上山种茶，受到布朗族人民的爱戴，被亲切地尊称为"族母"。七公主过世后，布朗族人民按照她的心愿，将其埋葬在了芒景山上，坟的下边是一条小路，一头连着芒景原始村落，一头连着她遥远的家乡西双版纳。在七公主栖息地的四周，是帕哎冷为她亲手栽种的茶树，历经春秋更替，岁月流转，依旧枝繁叶茂，葱茏俊逸……

走向世界：十年申遗路

2010年，首次来到普洱市的单霁翔了解到景迈山的独特景致，时任国家文物局局长的他敏锐地觉察到景迈山千年万亩的古茶林、古村落与人们世代相守的原生景观可能具备申报世界遗产的潜质。回北京后的单局长立刻组织开展相关调研工作，经申遗专家的实地考察论证，景迈山"完全具备"申报世界遗产的潜质，专家建议应该启动申遗工作。自此，在专家的规划、设计，政府的主导、引领，专业机构的组织、动员，企业的管理、运营，当地居民积极支持、参与的共同推动下，景迈山古茶林文化景观开始了漫漫的申遗路程并不断取得进展，景迈山也从偏安一隅名不见经传沉睡在云南边陲的小山村走进世人眼帘，并将茶文化的故事向世界娓娓展开。

申遗之路初始：单霁翔的期许

共同守望景迈山古茶林，共同期盼申报世界遗产成功，我希望能做出一点贡献。

——单霁翔（国家文物局原局长）

据芒景佛寺木塔石碑上的傣文记载，景迈古茶林的种植始于傣历五十七年（695年），布朗族、傣族同古茶林和谐依存的历史超过1300余年。这片神秘的千年万亩古茶林静静滋养一方水土，孕育一方风情，直至2010年，景迈山迎来一位特殊的客人。当时，时任国家文物局局长的单霁翔来到普洱市，在各种机缘巧合下，单局长看到一组关于景迈山古茶树的老照片。照片上呈现的是景迈山上百年的高大茶树，茶树周围是古老的村寨景观。单局长首先被照片上的古茶树吸引了，在了解布朗族、傣族村民守护景迈山古茶林的故事后，单局长敏锐地觉察到景迈山独特的原生景观可能具有申报世界遗产的潜质。回到北京后，单局长立刻邀请当时申报世界遗产的专家到景迈山实地考察。专家调研论证认为，景迈山"完全具备"申报世界遗产的潜质，应该启动申遗的工作。普洱市、澜沧县两级政府积极响应，并得到当地老百姓的支持。自此，景迈山古茶林文化景观展开了漫漫的申遗路程。从2010年景迈山古茶林申遗工作启动，至2021年景迈山古茶林文化景观被国务院批准为中国2022年正式申报世界文化遗产项目，在长达十余年的申遗路程中，

中国国家文物局、云南省文化和旅游厅、普洱市人民政府以及澜沧拉祜族自治县人民政府等不断有序推进景迈山古茶林的申遗工作。在政府、企业、当地居民等各方的共同努力下，景迈山古茶林文化景观成为全球第一个茶文化申遗项目，肩负着代表中国乃至世界茶文化的重任。

景迈山古茶林的申遗，源于单霁翔2010年首次踏入普洱市对景迈山古茶林的期许。十余年后，2021年，因《万里走单骑》的录制，单霁翔再一次走进景迈山。此行单霁翔欣慰地说："这

大平掌古茶林内景（范建华 摄）

次来景迈我觉得生活改变很大啊，每个人脸上都洋溢着开心的笑容。"申遗的过程一方面挖掘了布朗族、傣族等兄弟民族与古茶林人地和谐、人与人和谐的和谐景观，一方面也引发了更多人保护古茶林、传承中国优秀文化遗产的"文化自觉"意识，同时加深了大众对遗产价值的认知，越来越多的专家、学者、游客走进景迈山，共同为景迈山申遗的工作建言献策，贡献力量。作为世界古茶树种植的活化石，景迈山古茶树的故事，以及景迈山给中国乃至当今人类多元文化共存和可持续发展带来的启发，正在通过申遗的方式将古茶林的故事、民族的故事、中国的故事讲给世界听，这是单霁翔的期许，也是我们共同的期许。

满足申遗的条件：突出的普遍价值

景迈山是全球最早的人类种植茶树的样本，这个是它符合世界遗产突出普遍价值一个很重要的一条标准。

——邹怡情（景迈山申遗咨询技术总负责人）

根据联合国教科文组织规定，"申遗"指的是世界上的国家和地区，以某一地区的特殊遗产价值向联合国教科文组织遗产委员会申请加入世界遗产的行为。提名列入《世界遗产名录》的文化遗产项目，必须符合六项标准中的一项或几项方可获批：

一、代表一种独特的艺术成就，一种创造性的天才杰作；

二、能在一定时期内或世界某一文化区域内，对建筑艺术、纪念物艺术、城镇规划或景观

景迈山古茶林（范建华　摄）

设计方面的发展产生过重大影响；

三、能为延续至今的或已消逝的文明或文化传统提供独特的或至少是特殊的见证；

四、可作为一种建筑或建筑群或景观的杰出范例，展示出人类历史上一个（或几个）重要阶段；

五、是传统人类聚居、土地使用或海洋开发的杰出范例，代表一种（或几种）文化或者人类与环境的相互作用，特别是由于不可扭转的变化的影响而脆弱易损；

六、与具特殊普遍意义的事件或现行传统或思想或信仰或文学艺术作品有直接或实质的联系。

景迈山的人文与自然、民族与古茶树的相互关系，正符合方案标准中第三条和第五条的要求，具有申报世界文化遗产的基础条件。

申报遗产区边界主要依据构成景迈山古茶林文化景观的遗产要素，即5片古茶林、9个传统村落、3片分隔防护林的分布，并参照重要的自然界线如山脊线、河流等确定。其中5片古茶林内茶树数量超过120万株，种植密度超过1000棵/公顷。100—150年树龄的古茶树占9.8%，约11.7万株；150年树龄以上的古茶树占0.7%，约8400株。文化景观这一概念是1992年12月在美国圣菲召开的联合国教科文组织世界遗产委员会第16届会议时提出并纳入《世界遗产名录》中的，指被联合国教科文组织和世界遗产委员会确认的人类罕见的、目前无法替代的文化景观，是全人类公认的具有突出意义和普遍价值的"自然和人类的共同作品"。

普洱市景迈山投资开发管理有限公司蒋邵平总经理告诉我们，景迈山古茶林是依据标准三、标准五申报世界遗产文化景观。

标准三：能为延续至今的或已消逝的文明或文化传统提供独特的或至少是特殊的见证。

景迈山是一部恢宏的茶叶史书，是挖掘古茶文化的基因库和活化石，它是中国茶文化发展的历史见证。景迈山种茶历史悠久，据非遗传承人苏国文先生介绍，布朗族首领帕哎冷率领族人一路向南迁徙，约在佛历七二三年（约180年）来到"芒景汪弄翁发"（今芒景村一带）定居，并在此地驯化了茶，给茶取了一个特殊的名称"腊"。帕哎冷带领族人开垦种植茶园，将每一块茶园新种下的第一棵茶树称为"阿百腊"茶魂树。经过上千年的洗礼，景迈山古茶林的林下茶种植传统延续至今，这与景迈山古茶林稳定的生态系统、特殊的社会治理体系、极具地域性的茶文化息息相关，他们共同缔结了人与茶、人与自然的和谐共生，维系了古茶林文化景观的千年传承。

景迈山古茶林依托原生态的自然森林，茶树

长期与多种植物、动物与微生物共存，相互依存与供给，构成丰富的生态系统。景迈山先民定居后在原始森林中驯化、种植茶树，并逐步认识到茶树的生长习性，他们充分利用森林生态环境，砍掉对茶树生长不利的乔灌木比如竹子，保留一定数量的遮阴乔木与芳香植物如樟树，在此基础上养护茶林，形成"乔木—茶树—草本"立体的群落结构，既巧妙地分配了不同高度层植物的光照和养分，又使自然植物的各种芳香沁入茶叶，提升茶叶的花果香气。同时在良性的生态系统循环中，生物多样性促进古茶林的生态健康，茶树依靠落叶与草本植物作为天然养分，鸟类消灭虫害，实现森林资源与古茶林生态系统的稳定。在当今绝大多数茶园采取台地化、规模化、标准化、农场化的种植园经济时，这种依托自然环境而开发的传统茶园种植模式成为森林农业的典范，其中蕴含的朴素的生态伦理与林下种植的生态智慧更显得弥足珍贵。

标准五：是传统人类聚居、土地使用或海洋开发的杰出范例，代表一种（或几种）文化或者人类与环境的相互作用，特别是由于不可扭转的变化的影响而脆弱易损。

景迈山是一部鲜活的人类文明画卷。景迈山世居民族在漫长的历史生活中与茶相伴，以茶为生，围绕茶文化形成以种茶、制茶为主的生产文化，饮茶用茶、民族习俗、民居建筑等生活文化以及茶祖信仰的精神文化。在朴素的生态伦理基础上形成了景迈山多民族融合，多元文化共存共荣的典范。

在人类对自然景观的开发利用上，景迈山是合理利用山地和森林资源的典范。世居民族依据山势实行有限"林间开垦"方式，利用土地本身的地形营造出"森林—茶林—村落"平面功能景观，塑造出"林—茶—人"三位一体的空间关系与生态关系，使得森林得以利用、茶园得以保护、村寨得以发展。同时，当地居民依据景迈山不同的海拔高度摸索出最适宜的土地利用方式，遗产区由高到低呈现出神山、水源林—森林、茶林、传统村落、旱地、水田、河流的垂直利用模式。这种独特的平面功能景观与垂直利用的方式充分显示出景迈山居民认识自然、尊重自然与利用自然的生态智慧，是原始森林农业土地利用的范例。

在村寨的布局上，景迈山世居民族以寨心作为基准点，围绕寨心进行紧凑布局，保障基础设施的用地效率。寨门的设置控制村寨的规模，提高山地村落土地利用的集约性，典型的干栏式建筑一方面适应当地潮湿的气候，满足居民日常生活所需；另一方面二层的展台为茶叶的晾晒与加工提供了生产空间。

通过因地制宜的土地利用技术与村镇建设技术的结合，景迈山在对自然的认知上形成独特的传统知识体系并得以延续，造就景迈山独特的"村寨围在茶林中，茶林隐于森林中""远看是林、近看是茶"的独特空间格局与生态景观。古茶林兼具世居民族生活家园与生产场所的双重功能，古茶林更是整个景迈山的生态宝库。古茶林与古村落融为一体，林中有村，村边为林，相得益彰。因此，景迈山古茶林是人地和谐的山地森林农业景观的杰出代表，对人类可持续发展提供了重要启示。

暮春三月，开满樱花的景迈山（范建华 摄）

十余年申遗的进程：
政府的推动工作

申遗实际上是为了保护景迈山古茶林、古茶林文化及其非物质文化遗产的价值，也为了填补世界遗产中没有茶林文化的空缺和遗憾。

——杨春高（普洱市澜沧县人民政府常务副县长、景迈山古茶林保护管理局局长）

单霁翔在《万里走单骑》中告诉大家"千年历史传承的景迈山古茶林，从十年前的申遗第一步，到如今已走过第十个年头"。从2010年景迈山古茶林申遗工作启动，至2021年景迈山古茶林文化景观被国务院批准为中国2022年正式申报世界文化遗产项目，在长达十余年的申遗路程中不断取得进展：

2010年，景迈山古茶林申遗工作启动。

2012年3月，向国家文物局提交景迈山古茶林申报文本初稿。

2012年9月，景迈山古茶林被联合国粮农组织公布为全球重要农业遗产（GIAHS）保护试点。

2012年11月，景迈山古茶林成功入选《中国世界文化遗产预备名单》，申遗工作取得了阶段性重要成果。同时，中、英文两个版本《预备名单提交表格》填报国家文物局，并递交到联合国教科文组织。

2013年，糯岗、翁基、芒景村被住房城乡建设部、文化部、财政部列入第二批中国传统村落名录。

2013年，普洱市被国际茶业委员会确认为"世界茶源"，景迈山古茶林被国务院公布为第七批全国重点文物保护单位。

2013年，云南省政府批准公布为"芒景村布朗族传统文化生态保护区"。

2013年10月，景迈山古茶林被云南省人民政府公示为省级民族文化保护区。

2014年3月，申报文本、保护管理规划上报国家文物局。

2016年，景迈山古茶林成功入选"2015年中国最具价值文化（遗产）旅游景区"。

2017年，国家林业和草原局批准景迈山为"云南澜沧国家森林公园"组成部分。

2017年，云南省文化厅成立景迈山古茶林申

景迈山"千年万亩"古茶园的核心区——大平掌(范建华 摄)

遗工作领导小组，确保申遗各项工作的顺利推进落实。

2019年，国家文物局正式复函云南省人民政府，同意将景迈山古茶林文化景观作为2021年中国世界文化遗产申报推荐项目报请国务院审批。

2019年，景迈山古茶林文化景观正式向联合国教科文组织UNESCO提交申报。

2019年12月，景迈山古茶林文化景区被普洱市旅游景区质量等级评定委员会评定为国家AAA级旅游景区。

2021年，景迈山古茶林文化景观被国务院批准为中国2022年正式申遗项目。

2022年，联合国遗产保护委员会派专家对景迈山申遗的前期工作进行实地考察，做出评估。

景迈山申遗的进展同政府多层级的保护管理体系息息相关。景迈山申报遗产区主要依托中国文物行政管理机制，与现行的管理层级相结合，实行分级负责属地管理，纳入国家、省、市（县）、乡镇、村专门管理机构等5级管理框架，其中景迈山古茶林保护管理局是景迈山保护管理的专门机构，普洱市澜沧县人民政府常务副县长杨春高同时兼任景迈山古茶林保护管理局局长。

在景迈山的布朗人家客栈，因工作原因我们有幸见到杨局长。午后阳光晴好，在一棵大大的槐树下，杨局长告诉我们，在多年的申遗工作中，他和专家们将景迈山的特色总结为：

千年历史、世代传承的古茶林；
林间开垦、林下套种的智慧茶林；
物种多样、系统完整的生态茶林；
茶祖信仰、人地和谐的人文茶林；
保存完好、造福一方的活力茶林。

因此，申遗的过程对当地的政府工作人员来说，也是"把老祖宗留下的文化遗产精心守护好"的过程。按照《保护世界文化与自然遗产公约》及其操作指南的要求，杨局长主要从以下几个方面对景迈山古茶林进行保护管理，推动景迈山申遗进程：

一是公布并执行专项管理计划。通过对景迈山申遗区保护的专项规划确定遗产的法律地位，结合古茶林传统的保护机制制定应对性的政策与措施，更好保护与利用遗产。其中国家级别的专项规划包括《全国重点文物保护单位——景迈古茶园文物保护规划（2017）》《景迈山古茶林文化景观保护管理规划（2019）》。

二是依据遗产保护公约、法律与法规执行保护。景迈山古茶林保护管理局制定《景迈山古茶林文化景观保护管理规划（2019）》，一方面同《全国重点文物保护单位——景迈古茶园文物保

护规划（2017）》协调，对保护范围、功能分区
与保护要求进行细化；另一方面同《景迈山村庄
规划》协调，特别是村庄建设用地红线、用地布
局与人口规模等，同时将与古茶林文化景观相关
的制茶工艺、茶文化纳入"非物质文化名单"加
以保护。

　　三是在经费上予以充分保障。景迈山古茶
林保护管理局为遗产保护设立专项经费，并且将
景迈山保护与管理的工作所需经费纳入财政预
算，同时省、市、县各级遗产相关管理机构根据
实际情况与各项专项规划向上级政府争取足够的
拨款与贷款。此外，遗产地旅游、茶产业的税收
统一到县财政后进行合理再分配，将所占比例不
低于10%的资金用于遗产保护管理。除了财政拨
款外，多渠道资金筹措体系，古茶林的投融
资、税收等遗产保护优惠、补偿机制也不断巩固
完善，共同给予景迈山古茶林申报世界遗产工作
的经费保证。

蒋邵平的兴致：申遗的吸引力

　　我为什么来到这个公司，愿意来干这个事？申报世界文化遗产对我来说是最大的吸引力。

　　——蒋邵平（景迈山投资开发管理有限公司总经理）

　　申报世界遗产是一条艰辛的路程，也是一个系统的工程。专家的规划、设计，政府的主导、引领，专业机构的组织、动员，企业的管理、运营，当地居民的支持、参与都必不可少。在景迈山古茶林申报世界文化遗产的进程中，景迈山古茶林保护管理局杨局长指出：管理局人数有限，仅靠政府的力量是不够的，除了景迈山申遗的工作，还有未来的景迈山景区保护与运营工作，因此有必要引入企业的专业运营。基于这样的考量，管理局决定引入公司化的开发与管理，筹建普洱市景迈山投资开发管理有限公司。为了推动

蒋邵平走访景迈山布朗族村民（周丽　摄）

公司更专业、高效的市场化运营，杨局长决定在对公司进行组织架构时实行职业经理人运行机制，由市场化选聘的专业人员负责公司的运营。

在景迈山的"阿百腊"客栈，蒋邵平饶有兴致地回忆着自己如何成为公司"蒋总"的经历。他告诉我们，杨局长理想的职业经理人需要符合以下几个"苛刻"的条件：一是要有国有企业工作的经历，胜任过国有企业的党委书记；二是要有企业运营的经历，做过总经理、董事长；三是要有投资的经历等等。在不断的寻觅中，2020年3月，古茶林保护管理局的法律顾问杨主任向杨局长介绍了蒋邵平的情况。尚未介绍到一半，杨局长便说："如果是这样的人，就是我心目当中想要的人，你能不能现在就给他打电话，问他愿不愿意。"巧合的事情发生了，原本家在昆明的蒋邵平正在前来澜沧县的路上，准备去看朋友的水果基地。聊到这里时，蒋总笑道："我刚下飞机坐上车要去基地，杨主任的电话就打过来了。"杨局长接过电话向蒋邵平说明了大致情况后，便直接发出细谈的邀请。"普洱茶""景迈山""申报世界遗产"几个关键词迅速抓住了蒋邵平的心，蒋邵平觉得这个事情很有意思，于是立刻改道前往县政府杨局长的办公室。三个人聊了一个多小时，就把这个事情给敲定下来了。蒋总说：“当时我就答应，先不谈工资的事情，钱多钱少都无所谓，这个事情我愿意干。”

蒋总曾在澜沧县工作九年多，在云南澜沧铅矿有限公司任过八年总经理，对当地的自然环境与人文景观相当熟悉，同时蒋总钟情于普洱茶，每年都会上景迈山采茶、做茶。申遗的“诱惑”让从国企提前退休的蒋总闲不住了，“申报世界文化遗产特别有意义，如果说在我未来的人生当中，可以参与到申遗最后冲刺的工作，对申遗起到正向的加分作用，我就觉得我的人生是有价值的”。澜沧县景迈山古茶林保护管理局经过认真考察，聘任蒋邵平为普洱市景迈山投资开发管理有限公司的总经理。

2020年5月11日，公司注册成立，领取了营业执照。公司下设综合办公室、资产财务部、战略规划与投融资部、市场运营管理部、工程咨询管理部、景迈山事务管理部、党群工作部7个职能管理部门并逐步开展相关工作。

为推动景迈山古茶林申遗，公司首先接手与推进澜沧县景迈古树茶小镇建设项目，组织开展了景迈古树茶小镇——景迈大寨（核心区）建筑风貌整治提升工程，顺利通过省发展和改革委组织的第三方专家评估和专家现场复审，为获得省特色小镇称号奠定了坚实的基础。其次，公司组

远眺景迈大寨（范建华 摄）

景迈大寨一角（范建华　摄）

织开展"数字景迈"项目的建设，通过建设澜沧县普洱景迈山古茶林文化景观遗产大数据体系示范建设项目（简称"数字景迈"），实现景迈山古茶林遗产监测、档案管理、古茶林保护、传统民居保护、智慧景区管理等工作的信息化建设。"数字景迈"项目通过信息技术手段对遗产要素进行监测，同时"数字景迈"也是景迈山智慧景区管理运营的主要技术手段。最后，公司组织开展"景迈山古茶林AAAA景区基础设施建设项目"建设工作。景迈山古茶林AAAA景区基础设施建设项目，是澜沧县人民政府为了助推景迈山古茶林文化景观申遗，通过发行专项债券和市场融资实施的一项基础设施建设项目。

为加强对景迈山的宣传，助推景迈山申遗工作，按照管理局安排，公司与北京观正影视文化传播有限公司合作筹划拍摄《万里走单骑——遗产里的中国·景迈山》宣传片。该片的主要嘉宾即国家文物局原局长、故宫博物院原院长单霁翔。该片时长75分钟，由公司投资350万元。从7月30日接受任务后，蒋总组织公司员工和摄制方对接，进行协议商谈、协助导演组开展拍摄现场踏勘、组织完成后勤保障等工作。在管理局领导、公司员工以及摄制组的共同努力下，12月27—28日完成了现场拍摄工作。节目制作完成后，在浙江卫视周日黄金档播放，第二天成为微博热搜话题，对景迈山申遗宣传工作起到了积极的推动作用。

正是各方智力的不断加入与支持，景迈山古茶林申遗才充满希望，景迈山古茶林的故事才显得格外动人。

村支书岩永的动员：
提升当地居民的参与意识

（我们对申遗）很有信心，问题不大，一定
成功。
——岩永（景迈村村支书）

　　在申遗工作推动过程中，调动景迈山古茶林
世居民族的主体性是关键的一环。景迈山作为文
化景观申报遗产，重点在于文化，而文化离不开
人的参与。景迈山的文化景观是布朗族、傣族等
民族1000多年对茶文化的传承与创造下形成的，
北京大学世界遗产研究中心主任陈耀华指出：
"茶山的主人是我们社区的居民，因此一定要增
加当地居民的参与意识，增加保护的自觉性，增
加对景迈山价值的了解，增加对老祖宗传到我
们这一代人手里的古茶林保护好的重要性的意
识。"因此，保护古茶林不仅仅是为了申遗而进

糯岗老寨典型的干栏式建筑，二层有一个用于喝茶、晾晒衣物的阳台（范建华 摄）

行的村庄改造工程，更需要当地居民的认同与参与。

　　随着普洱茶价格的提升，景迈山世居民族的收入极大增加，老百姓期待村庄建设与自身家园的现代化发展。如何在村落现代化发展的进程中传承景迈山的茶文化，保存少数民族传统村落景观，保护景迈山生态环境不被破坏，调动当地民众的"文化自觉"，需要落地到动员群众、组织群众、依靠群众，这一切都需要基层干部深入群众中做好工作，讲解申遗的重要性，保护景迈山生态环境的重要性，同景迈山世居民族进行多方面的利益协调，推动景迈山古茶林的申遗工作。

　　例如，伴随经济收入的增长，村民们有了盖小洋房的需求。景迈山传统民居主要以干栏式建筑为主，传统民居在居住上存在不隔音、漏风等问题，尤其是在景迈山连绵不绝的雨季时更显得潮湿与不便。钢筋混凝土结构的小洋房居住体验更加舒适，维修成本也低，但大量钢筋混凝土的建筑修建会破坏景迈山的生态环境，同时会失去世居民族千年传统的民居特色。为应对这一挑战，中国政府于2013年将"景迈古茶园"认定为第七批全国重点文物保护单位，从国家层面进行法律保护。2017年《景迈古茶园文物保护规划》批准实施，将规划文件落地，建构世居民族对景迈山古茶林保护的主体自觉意识，同村民们进行

村民在自家屋上搭建木质晒台（范建华 摄）

多方利益协调是一件艰辛的工作。2013年岩永任景迈村村主任后便系统地展开与推进村落保护工作、环境整改工作。

在对村民的组织、动员中，岩永指出首先要让大家认识到申遗的重要性，通过组织村民集中看露天电影的方式讲解、宣传申遗。而大多数村民表示申遗这一概念"看不见"，他们并不懂为什么要这么做。而"看不见"的申遗却要实实在在地对民居进行改造，涉及村民的切身利益。例如，村民为自己的住所装上太阳能，给生活用电带来方便，但太阳能影响村落整体景观，需要拆除，再由政府为他们通电，部分村民不理解这么做的原因。因此岩永组织景迈村九个村民小组的小组长"走出去"，带他们参观、考察厦门鼓浪屿，红河哈尼梯田，腾冲和顺古镇，文山普者黑等世界遗产与旅游胜地，"看得见"的美景与经济价值让村民实实在在地体会到保护传统民居、整治村落环境的必要性。岩永说："这样一来老百姓就很期盼申遗成功，有了新的平台，会有更多的人喜欢景迈山，他们的日子也会越过越好。"村民开始配合、支持村落整改并主动参与其中。

随着时代发展，村落的基础设施改造提升和旅游配套服务设施建设都是必需的，也是必要的。遗产保护从来不是让遗产地民众活在"过去"的时代，而是不仅保存遗产的物质遗存，更要在精神层面实现价值的代际传递。为了达到目的，就要解决传统村落设施改造、传统建筑性能提升的技术问题，这也是保护与发展协调过程中一个非常实际又极其重要的挑战。在传统村落的保护与整治上，《景迈古茶园文物保护规划》将传统民居分等级实行差异保护，将20世纪60年代以前建造的木构干栏式建筑认定为F1，将近年来建设的木构干栏式建筑认定为F2，分别针对翁基、糯岗、芒景上寨、芒景下寨、芒洪和景迈大寨6个村落的实际情况，开展了传统民居修缮、环境综合整治、消防、防雷和展示利用等五个分项工程，投入资金3438万元。

对于村民们建造新房的要求，岩永指出糯岗实行"一户两房"的政策，将糯岗分为老寨与新寨，每一户居民可以在新寨建一套房子，"老寨保护、新寨开发"。老寨都是F1木构干栏式建筑，因此防火就显得尤为重要。一方面"数字景迈"对景迈山重点保护区域进行了监控覆盖，实时监测保护区域的情况；另一方面对糯岗这样的全国重点保护老寨配备47个消防栓，实行消防全覆盖。同时，村里给传统民居每户人家安装大水缸常年储水，并配备灭火器，由景迈山投资开发管理有限公司公司与村干部培训村民如何使用灭火器，增强村民的防火意识。

　　被认定为F1的民居每年享受政府1万元的保护补助，传统民居需要修缮时村民向政府提修缮需求，由公司出资修缮。岩永笑道："我是蒋总公司的总裁助理，我们共同为农户提供好服务，让大家过上更好的生活。"在大家的共同努力下，景迈山传统村落基本格局保存较好，村落的位置没有变化，竜林、寨心、佛寺、古树等保存完好，传统民居F1、F2及与环境协调的现代建筑栋数占总居住建筑数的80.35%，其中保存最好的糯岗老寨目前的传统民居比例高达100%。

　　在景迈山核心区大平掌古茶林，踏着大平

景迈山远景（陆家帅　摄）

掌的弹石路，岩永表示大家对景迈山古茶林申遗很有信心，因为2019年10月来自西班牙、澳大利亚、法国、日本、印度、斯里兰卡、韩国等国家的22名世界遗产文化景观研究领域的著名专家已经来考察过景迈山古茶林，对这一文化景观给予了高度的认可，并对其保护和可持续发展留下了很多宝贵的建议和经验。"很多领导和专家给申遗提了很多意见，很多副总理都来指导过工作了，现在进入到申遗的冲刺阶段，就怕习近平总书记来了"，岩永脱口而出的话逗笑了大家。我好奇地问道："为什么会怕呢？习近平总书记来不是应该很开心吗？"岩永认真地说："我们很努力地做了很多工作，但是还是担心做得不够好，我们村领导是很喜欢他（习近平总书记）来，但是又怕他来，我们怕万一自己工作没做好，对不起总书记的信任。"一番话让我们久久回味。在景迈山，每个人都感受到政府、企业为申报遗产做出了很大的贡献，他们不分昼夜一方面抓紧管理架构，高屋建瓴地推动申遗程序上的进展，成立国有企业专业维护运营景迈山的村落保护开发工作、村落整改工程以及申遗的宣传工作；另一方面也实实在在落地到与每一户百姓的日常交流与申遗动员，切实了解村民的需求，改善村民的居住环境与经济环境。即使这样依然觉得做得不够好，仍然保持戒骄戒躁、不忘初心、砥砺前行的品格，这种"既盼望总书记来，又怕总书记来"的心态道出多少中国基层干部、基层工作者最朴实的心声。

临走时我问岩永："您对景迈山申遗有信心吗？"岩永肯定地回复我："很有信心，问题不大，一定成功。"

茶林每小片区域内都有一棵用栅栏围起的茶树王（范建华 摄）

南康大叔的支持：村民的
"意见领袖"

我们这一代人对古茶林，像保护自己的眼睛
一样保护它，现在搞景迈山古茶林申遗，也就是
说遵照祖先的遗训，把我们景迈山布朗族、傣族
这种茶林的传统模式，一代一代地传承下去。

——南康（布朗族，澜沧县民族文化传承人）

申遗不仅要有政府的引导、企业的支持，
更需要世居民族作为主体共同参与到这一过程中
来。申遗也让生活在景迈山上的群众更加珍视祖
辈留下来的古茶林，激发大家同心互助建设美好
家园的信心，让他们切身感受到祖祖辈辈守护的
这片古茶林带来的巨大生态价值与文化价值。

南康大叔的爷爷阿里亚曾是布朗族的头人。
新中国成立初期，布朗族头人苏里亚曾代表布朗
族前往北京，向毛主席献茶，而苏里亚就是南康

大叔的舅爷。南康大叔曾任芒景村党总支书记，2019年4月，为了"以老推新"，他主动辞去村支书职务。在推动申遗的工作上，南康大叔一方面自觉充当了世居民族的"外交家"，积极主动向村民做思想工作，讲解申遗的意义、保护原生态的重要性；另一方面作为民族文化传承人，在对外宣传景迈山历史传统文化上也做出了突出贡献。蒋总曾说："南康大叔的'阿百腊客栈'是景迈山的一扇窗口，南康大叔就是茶山传统文化的一扇窗口，他积极推动申遗工作，跑政府的文化接待工作比跑家里的茶山都要积极。"

　　申遗的核心内容有两个：一是景迈山少数民族特有的民居文化；二是景迈山的古茶林。为了景迈山古茶林这块"金字招牌"能得到有效保护和永续开发利用，更为了从源头上推动普洱茶产业做大做强，在市委、市政府的领导支持下，2016年6月，南康大叔发起成立了"景迈山古茶林普洱茶诚信联盟"。之所以要成立这个诚信联盟，是因为包括景迈山古茶在内的普洱茶"小散乱"的产业结构已经影响到普洱茶的形象和产业健康发展。南康大叔介绍说："在景迈山古茶区，现在已有六家专业合作社加入诚信联盟，占到古茶区茶企的2/3，并按照统一的绿色有机生产标准，进行统一的管理、宣传、包装、价格和销售运作。"联盟制定的标准大大高于国家标准，不得检出的农药残留项目由33个增加到104个，污染物限量项目由2个增加到8个，向市场推出一款有身份证、有履历、可查询、可追溯，而且消费者能依照不同品质级别明明白白消费的"景迈山古茶林普洱茶"。普洱市茶咖局局长卢寒表示，建立联盟、制定推广标准的工作已经完成。联盟的产品出来以后，越来越多的企业会进入到联盟，那些小的企业也将依附在大的品牌上，最终将整体推动普洱联盟这个大品牌影响力的提升。

走进景迈山古茶林深处，地上铺满落叶，踩上去发出"嘎吱"的声音，朝阳穿过原始森林的缝隙，投下斑驳的色彩。虫鸣鸟叫不歇，小瓢虫攀上枝头，茶树上冒出新芽，显示着古茶林旺盛的生命力。"我们这一代人对古茶林，像保护自己的眼睛一样保护它。"从单霁翔的期许开始，向"茶"而来的"申遗人"，以及当地千千万万的基层工作者与世居百姓，都是景迈山最忠诚的守护者。

茶祖在上：古村落景致

云海日出（陆家帅　摄）

　　置身景迈山，鸟语花香中弥漫着千年古树茶的气息。这里的世居民族奉茶为祖，茶祖的故事代代相传，内化于布朗族、傣族的族群记忆之中。

在云端：与天地对话

　　云雾缭绕的景观承载了人们对天空的美好想象，山峦上的云景总给人仿若置身仙境的感觉。被万亩茶林包围、终年云雾缭绕的景迈山，呈现着最原生态的云海仙境。置身于暮春三月的景迈山云海，极高的负氧离子让每一次的呼吸都是享受。循着云雾上山，听清脆鸟鸣和茶林沙沙声，仿佛下一秒就会遇到精灵。云海同樱花、繁星、雨林等四季景观交叠，使得每次的到来都饶有兴致。

在万亩茶林的浸润下，景迈山的云海日出仿佛是与天地对话的媒介，动静之间妙趣无穷。诚如在云南许多民族中广泛流传的谚语所云：山与山相隔很远，云雾把它们相连；天与地相距很远，雨丝把它们相连；我和你相离很远，只要心中有思恋，便可将心紧紧相连。云上仙台是进入景迈山的第一座观景台，这里有壮观的海浪潮汐云涌，也有一泻千里的瀑布云，更有旭日初升和夕阳降落时的五彩云霞。景迈山绿浪翻滚的茶园，热情好客的茶家，独特的云端品茶，让这里成为无数茶人心中的圣地。

茶魂光塔：世居民族的文化空间

　　景迈村广景广场的大金塔又被称为"茶魂光塔"，是傣族人民举行重要节庆仪式的地方。村支书岩永告诉我们，世世代代居住在这里的少数民族奉茶为祖，早年泼水节、祭祀茶祖等活动都是在古茶林最古老的茶魂树旁举行。伴随村寨人口的增加，加之慕名前往古茶林的游客增多，政府与世居民族保护古茶林的意识增强，于是自发将节庆祭祀的地点转移到景迈村的最高点——广景广场大金塔旁。广景广场由政府出资与百姓集资共同建成，2018年，正式成为景迈村举行重要节庆活动的文化场域。

　　景迈村的大金塔与大多数的佛塔不同，景迈村的大金塔旁边供奉着"景迈山茶祖先"召糯腊，这一独特的茶祖崇拜赋予了景迈山独特的气韵。每逢盛大的傣族传统节日，傣族群众总是在祭祀茶祖后，围着大金塔载歌载舞，互赠祝福，独具傣族特有的民族风情。

糯岗古寨的民居屋顶装饰有水牛角（范建华　摄）

糯岗古寨：鹿饮水的地方

糯岗古寨是傣族传统村落的典范，也是景迈山古茶林文化景观的重要组成部分。景迈山的先民信仰"万物有灵"，在选择村落住址的时候多依山而建，既要有神山，也要有茶山。傣族多居于平坝近水的地方，而景迈山的傣族是普洱地区唯一世居在中海拔地区的傣族，因此自称"傣莱"，即山头上的傣族。传说傣族头领召糯腊在狩猎的过程中追寻金马鹿来到美丽富饶的景迈山，随即在这里定居，将金马鹿消失的白象山作为神山，在神山前开阔的地方建设村庄。

糯岗古寨地处山间小盆地，青瓦干栏式民居静卧于山水之间，黝黑的屋顶写满岁月的痕迹。溪水穿过村寨，阳光洒在露台上，傣族居民可在自家露台上怡然自得地泡上一盏生普，任由景迈山普洱茶特有的兰花香在山间蔓延。糯岗在傣语中是"鹿饮水的地方"，糯岗溪水清澈，传说群

保存完好的傣族传统村寨——糯岗古寨，距今已有千年历史（沈建华 摄）

鹿亦为之流连忘返，糯心湖犹如宝石般镶嵌于景迈山林间，是大自然的馈赠。尚水的傣族在此繁衍生息已上千年。

传统民居围绕寨心依次扩散布局。民居的屋脊上种着石斛。傣族以石斛计时，石斛花开的时候就是采春茶的时节。古老的计时方式体现了当地人民"道法自然"的朴素哲学思想。环绕糯岗老寨的是高低交错的茶林，糯岗的村民小组长岩温胆向我们介绍："远看是林，近看是茶。"岩组长热情地将我们迎进屋，在露台上泡起今年的春茶，他指着几间小屋告诉我们：现在糯岗的传统民居大多为客人设置了民宿。村里人的生活方式因为普洱茶的行情渐长而得到改善，许多不远千里前来收茶的客人同当地百姓成为朋友，一起品茶论道，在青山绿水间的傣族村落驻足停留，让古老的糯岗傣寨焕发出勃勃生机。

糯岗古寨内部景观（范建华　摄）

翁基古寨：茶祖的故乡

翁基古寨是布朗族茶祖帕哎冷的故乡，它是景迈山布朗族传统生态文化保留与传承较为完整的千年古寨，也是全国保存最为完好的布朗族古村落。"翁基"在布朗语中是"看卦"的意思，传说布朗族祖先迁徙至景迈山，部落首领让人看卦选址，翁基便是当时看卦的地方。

布朗族的传统民居同样是干栏式建筑，与傣族民居最大的不同在于布朗族民居的屋顶将"一芽两叶"作为装饰。"一芽两叶"是茶的符号，茶元素在此显得格外特别。翁基同样围绕寨心呈向心式布局。布朗族将寨心视为村寨的守护神，寨中每个人的生老病死、建房结婚、远行或归来都要向寨心禀告，以求平安。翁基古寺建立在用青灰色的石块垒砌的地基之上，整体呈现中轴对称的布局，给人庄重大气之感。古寺有佛殿、藏经阁、僧房。村民节日联欢、调解纠纷等也都会到翁基古寺。

　　出翁基古寺右转有一棵巨大的古柏，树高20余米，根部径围达11米，要八九个成年人才能合抱上。树冠面积500平方米，树龄在千年以上，古柏绿荫蔽天，凉风习习，与翁基古寺相伴而生，共同守望着古老的布朗族村寨。

翁基古寨游客中心停车场（范建华　摄）

113

翁基古寨的寨心（范建华 摄）

帕哎冷馆：芒景村寨的祖庙

布朗族为了纪念祖先帕哎冷，在芒景上寨建了帕哎冷寺，为布朗族的茶祖敬仰与日常生活提供了文化空间，是芒景村举行传统节庆活动、进行布朗族文化教育与传承的重要场所。每逢盛大节日，芒景村各寨都要到帕哎冷寺盛装祭祀茶祖，并举行民族歌舞联欢活动。

帕哎冷寺于20世纪60年代被毁，在90年代时得以恢复重建，名帕哎冷馆，又被称为布朗风情园，内设布朗族文化传习馆，兼具布朗族文化传承、创新与延续的功能。村民还将布朗族与茶叶的神话传说创作出21幅壁画绘制在帕哎冷馆内。著名的作品包括《布朗人来到"绍英绍发"》《布朗人发现茶叶》《布朗人继续寻找茶树》《帕哎冷为茶树命名》等，描绘了芒景布朗族的发展历程与茶的渊源。从一幅幅壁画前走过，仿佛跟随着布朗族先民的步伐，在时空交错间与神秘的景迈山茶灵对话。

4月17日是布朗族祭祀茶祖的日子。中午，全村的布朗族齐聚帕哎冷馆，由非遗传承人苏国文主持仪式。每个人将蜡条与米饭呈到供奉茶祖的祭台上，再列队前往帕哎冷与七公主的雕像前祈福。布朗族用自己的方式表达着对自然与祖先的崇敬和对生活的期待。

重建的帕哎冷馆，又被称为布朗风情园（范建华　摄）

茶魂台：民族文化的精神图腾

茶魂台位于哎冷山山顶，呈四方形，代表"天圆地方"，祭台面积36平方米，是布朗族祭祀茶祖、呼唤茶魂的地方，呈现出布朗族最原始的自然崇拜。

祭台中间粗大的茶魂柱代表茶祖帕哎冷的拐杖，中间的木板代表彩云，它们是茶祖与上天交流的媒介。四组祭祀柱分设于四角，四角代表了山魂、谷魂、防护林魂与野生动物魂，每组的五根柱子象征景迈山的树神、水神、土地神、动物神、昆虫神。它们代表四面八方前来祭祀茶祖。布朗族因茶而生，以茶为伴，信奉"万物有灵"。茶魂台寄托了景迈山居民对祖先的怀念、对古茶山的感激，是自然崇拜、祖先崇拜与茶神崇拜的集中体现。

哎冷山
哎冷山
Ai Leng Mountain

茶魂台
茶魂臺
Altar for the Spirit of Tea

七公主坟
七公主墳
The Tomb of the Seventh Princess

七公主坟遗址，依七公主的遗愿葬于古茶林中（范建华　摄）

公主坟：七公主与布朗族的渊源

公主坟紧邻茶魂台，面积约30平方米，周围围绕着帕哎冷亲手为她种植的茶树。如今哎冷山满山的茶树依旧延续着帕哎冷与七公主的传说。七公主南发来是西双版纳傣王的第七个女儿，她为了布朗族与傣族的和平嫁到景迈山，同布朗族首领帕哎冷结为夫妻，共同为景迈山的开发做出了巨大贡献。这段传说印证了自古以来布朗族与傣族就有通婚的历史，从而形成共同的祖先认同，相处非常和谐。

七公主嫁给帕哎冷后带来了傣族先进的水稻种植技术、纺织技术等，获得了布朗族人民"族母"称谓的高度赞誉。

公主坟在去往茶魂台的路旁，在公主坟前蒋总特意叫住了我，"你来看这边"，我顺着蒋总手指的方向看过去，前方是一片郁郁葱葱的小山丘。蒋总说："山的那边就是七公主的家乡西双版纳了。"这位为民族文化交流与民族融合做出贡献的七公主，长眠之处依然守望景迈山，眺望着家乡，受到景迈山世居民族的景仰。

七公主坟（范建华　摄）

茶祖庙：民族文化的现代空间

在景迈山芒景下寨后面的高坡上，背靠神圣的哎冷山，于2016年4月中旬新建了一座规模宏大、气宇轩昂的茶祖庙。

茶祖庙中供奉着"一祖六神"，"一祖"即茶祖帕哎冷，"六神"分别为茶神、水神、树神、土神、昆虫神、兽神。"一祖六神"体现了布朗族信奉万物有灵的自然崇拜。茶祖庙旁耸立着几棵苍劲挺拔的古柏，枝繁叶茂，浓荫蔽日。

现在的茶祖庙是柏联集团在原址的基础上投资恢复扩建的，2016年茶祖庙建成，上万群众在茶祖庙参加了"景迈山祭茶祖暨茶祖庙落成庆典"。如果说茶魂台是景迈山传承千年召唤茶魂的圣地，那么茶祖庙则是在现代旅游规划的基础上，在对景迈山的保护、开发与传承的理念上对茶祖文化的现代性与仪式感提升的体现。茶祖庙为景迈山的世居民族提供了节庆庆祝、多民族交流等活动的公共空间、文化空间。在这样的空间中，村民可以表达与传承民族文化，提升对景迈山古茶林独特的"文化自觉"意识。

在茶祖庙的原址上恢复扩建的新茶祖庙（范建华　摄）

芒洪八角塔（范建华　摄）

芒洪八角塔：
多教合一的独特景观

　　八角塔位于芒景村芒洪大寨的东部，于清康熙年间建成，布朗族将经书与珍贵的文物收藏于该塔。相传初建时其规模宏大，有八角亭、袈裟厅、念经厅、佛堂、僧房、白塔等。现仅八角塔得以保存，是景迈山古茶园内唯一的全国重点文物保护单位。整座塔风格独特，精雕细凿，十分精美，有大量佛教、儒家和道教文化的内容，充分反映出景迈山数百年前就与中原地区有着广泛的文化交流，是中华多元文化和多元一体格局形成的实物见证。

　　站在历经数百年风雨的八角塔前，它向我们展示着璀璨的历史文化和精巧的中国古代建筑艺术，即使穿越百年，我们依然能感受到佛塔带来的心灵上的美和震撼。

蜂神树郁郁葱葱（范建华　摄）

蜂神树：
古茶林中的蜜蜂王国

  芒景上寨的古茶林中，有一株巨大的古榕树，如同一把绿色的巨伞。50米高的古榕树上挂了70多个蜂巢，俨然是蜂的世界，蜂的王国。这里聚集着一树的野蜂，生产着天然的土蜂蜜。栅栏将古榕树同布朗村寨隔开，到古榕树下需要跳过栅栏，再步行一段小路才能到达。站在巨大的榕树下，蜂巢距离地面30多米，将蜜蜂同人类隔开，距离产生了彼此的尊重。布朗族传统信奉万物有灵，他们将蜜蜂奉为幸福的天使，且蜜蜂采花粉保持茶山良好的生态循环，因此布朗族将这棵古榕树拜为"蜂神树"，视为茶祖帕哎冷的化身，每逢重大节日，就在蜂神树下举行盛大的"招蜂"祭祀活动。

茶魂树（茶神树）：茶园的守护

布朗族将每一块茶园里最粗大最茂盛的古茶树定为茶魂树（傣族称为茶神树），从茶魂树的认定开始，每一个环节都必须严格遵从相关的习俗、礼制，否则会被认为是有辱神灵。

布朗族被称为"千年茶农"，仿佛这个民族就是为茶而生。布朗族会用树桩将茶魂树围起来，不到特定的日子和时辰不能随便采摘。每年开春时，采摘茶魂树第一次发芽产的鲜叶，需先挑选吉日，然后再由少女上树采摘。这是布朗族一直以来的风俗，所以想喝这一杯茶水需要天时地利人和。茶魂茶一般不对外出售，要先敬献给茶祖帕哎冷，再手工制作成干毛茶祭祀茶魂。

用栅栏区别和保护的"茶魂树"（范建华 摄）

山康（＊）茶祖节：
呼唤茶魂的重大节日

　　布朗族茶祖节，又叫山康（＊）节，一般在傣历的六月中旬举行，阳历一般在4月13日至17日，历时五天。其间，来自布朗族和其他民族的村民们要前往芒景山茶魂台祭拜茶祖帕哎冷。他们深信茶魂台连接茶祖的前世今生，通过呼唤茶魂可以祈求茶祖庇护后人。他们相信茶魂台有着人和神的灵性，呼唤茶魂，可以祈求茶祖保佑人们幸福吉祥。

　　祭台中间粗大的茶魂柱代表茶祖帕哎冷的拐杖，中间的木板代表彩云，它们是茶祖与上天交流的媒介。四组祭祀柱分设于四角，四角代表了山魂、谷魂、防护林魂与野生动物魂，它们代表四面八方前来祭祀茶祖。布朗族因茶而生，以茶为伴，信奉万物有灵，每组的五根柱子象征景迈山的树神、水神、土地神、动物神、昆虫神。

景迈山的世居民族将山康（凳）茶祖节视为最盛大的节日，他们祈求茶祖能够保护古茶林不受自然灾害的侵扰，来年茶叶能有好收成。该节对景迈山古茶林景观的保护和与之相关的茶文化的传承具有十分重要的作用。

饮茶与食茶习俗：
绚丽多彩的民族风情

景迈山世居民族在以茶事活动为中心的日常生活中，孕育出了一系列食茶、饮茶等茶文化事象。布朗族、傣族先民最初使用茶是将其作为药物，发现生嚼内服鲜茶叶能起到生津止渴、提神醒脑和清热解毒的功效，后来对茶的利用逐渐延伸至日常食用和饮用，形成了顺应居住自然环境和民族饮食习惯，且极具地域特色的饮茶食茶风俗和茶加工体系。

景迈山属亚热带山地季风气候，干湿季分明，因夏季气候较为燥热，久而久之当地民族养成了爱食凉拌菜和嗜酸的口味，喜欢以茶为蔬，将其进行凉拌和腌制，从而形成蘸着佐料酱食用的"喃咪茶"、用盐巴和辣椒腌制的"凉拌茶"以及具有独特发酵工艺的"酸茶"等本土茶制品。

值得一提的是，因夏季持续时间长，降雨量大，居住环境较为潮湿，所以家家户户都习惯在屋子中央安置一个火塘，夏可除湿，冬可取暖，这也使得当地盛行安逸闲适的围炉烤茶和煮茶的传统茶饮风尚。早期是粗犷地直接将鲜叶加入锅中煮，这样的煮法让茶汤较为苦涩，在村民们习得手工炒制毛茶的技艺之后，便演化为口感更佳的罐罐烤茶。烤茶茶味浓郁醇厚，味酽回甘，香气扑鼻，是景迈山最古老且最具代表性的茶道。

此外，各民族虽共居于同一地域，但因历史有别、生活方式各异、食物结构不同，逐步发展形成了各具特色的饮茶和食茶习俗，如傣族的"竹筒茶"、布朗族的"青竹茶"、哈尼族的"土锅茶"、佤族的"包烧茶"等等。由于如今茶客们纷纷追求高雅的品茗格调，故景迈山各家都学会了烫杯、洗茶、闻香等标准化的现代茶道流程，并打造出与少数民族茶俗风情相伴而生的地标性"三味茶艺"，分别为清茶、烤茶和酒茶。清茶表示尚礼达意、宾至如归，烤茶表示甘烈情浓、挚诚和睦，酒茶表示吉祥如意、共享康乐，"三味茶艺"深刻地映照出"清、敬、和、爱"的茶道精神和茶德理念。[1]

---

[1] 国家文物局，北京大学："普洱景迈山古茶林文化景观"申遗文本，2019年。

　　世居民族坚信自己是茶神的子民，秉持着茶品即人品、茶德即人德的思维逻辑以及斟茶礼、持杯礼、奉茶礼等颇为讲究的饮茶礼仪和饮茶仪式感。例如，傣族若起身倒茶，便会轻声缓步地从宾客的身后绕行，身体略微下蹲，只斟七分满，并以双手奉茶，以显示待客的真诚与盛情。

景迈山举办盛大的酒席（范建华　摄）

社交礼仪：日常互动的茶俗活动

　　景迈山世居民族认为茶里蕴含着庄重、诚挚、儒雅和包容，是输送诚意和热情、化解冲突与矛盾的吉祥之物，所以常被用于交朋会友、接人待客、人情往来等仪式性场合。当家中举办红白喜事需要邀请亲友或建盖新房希望得到帮助时，当事人就会用芭蕉叶裹上茶叶和两支蜡烛，再用竹篾捆扎起来，制作成一份厚重的"茶束"，送到受邀人家中。茶到意味着情意到，被请之人收到"茶束"后便会按时赴约。景迈山世居民族的迎客茶能让人深刻地体会到以茶为礼的充沛热情，即便是远道而来的游客，村民们也会邀请大家进屋喝茶聊天，品饮当地最古老的火塘烤茶或是带着景迈山特有兰花香和蜜香的手冲茶。当来访友人要离别时，也有赠予几包"送客茶"的传统，寓意友谊像茶一样醇厚持久。亲友邻里之间发生纠纷、村里人犯了错事均需要在中间人的协调帮助之下喝"调解茶""和睦茶""忏悔茶"。在漫长的历史演进中，在多元民族文化的交融下，景迈山各民族合力积淀的以茶俗、茶道、茶艺、茶歌、茶舞、茶膳为代表的传统茶文化资源异彩纷呈、特色鲜明、自成体系，其形态之广、层次之多、内涵之深是国内外众多茶园难以媲美的。①

---

① 丁菊英：宗教视域下的德昂族茶俗文化研究，云南民族大学学报（哲学社会科学版），2012年第3期，第96—98页。

制茶：千年古法

　　景迈山古树茶的采摘与制作过程极为讲究，观照茶叶自然生发的节奏，读懂季节的暗示，只在适当的时辰采摘。春茶在农历二月至四月，夏茶（雨水茶）在五月至七月，秋茶（谷花茶）在八月至九月。目前，大部分古茶林夏季不采茶，以保证茶树足够的光合作用积累养分。由于古茶树造型各异，身着民族服装的村民在郁郁葱葱的古茶林中劳作的画面成为景迈山最靓丽的风景。

　　早期景迈山遵照古法的经验制茶，将鲜叶用手揉搓后去涩味，再晒干或用火烘干即可。这种传统的制茶方式至今仍然保留，同时随着市场化的发展，尤其是明代茶饼制作技术传入后，因茶饼易于存储、携带的特点更利于普洱茶的市场推广，所以目前景迈山普洱茶加工多以制茶饼为主。主要有以下几个步骤：

　　采摘鲜叶：采摘茶树新鲜的嫩芽做原料。按采茶的季节可分为春茶、夏茶（雨水茶）、秋茶（谷花茶）。春茶、秋茶茶质最优。

鲜叶摊晾： 将茶青放在空气中，让它的一部分水分透过叶脉有秩序地从叶子边缘或气孔蒸发出来。

杀青： 用高温杀死叶细胞，停止发酵，在一定程度上破坏酶的活性，使得茶本身的芳香物质很好地发挥出来。以炒青为主。

揉捻： 杀青后将茶叶摊凉，接下来进行揉捻。叶子在揉捻作用下，组织细胞膜结构受到破坏，透性增大，使多酚类物质与氧化酶充分接触，在酶促作用下产生氧化聚合作用，同时更利于其溶解于热水中。

晒青： 最后把鲜叶均匀摊放在竹笟篱上，利用太阳光的照射和风吹蒸发鲜叶的大部分水分使其萎凋。

渥堆： 将茶叶匀堆，泼水使茶叶吸水受潮，然后将茶叶堆成一定厚度发酵。经过若干天堆积发酵以后，茶叶色泽变褐，有特殊的陈香味，滋味浓郁而醇和。它是普洱茶色泽、香味、品质形成的关键工序。

蒸压干燥： 将茶叶称量后（一般357克），用蒸气蒸软装入布袋，以传统手工石模具进行压制，经包装后供应市场。

景迈山传统的茶叶产品有"年"、贡茶、晒

布朗族茶农展示手工杀青的铁锅（范建华　摄）

青、烘青、沱茶、茶饼、酸茶等，这些茶都采自
古茶树，有着景迈山特有的茶香韵味，是普洱茶
中珍贵的茶品。

古茶生茶、熟茶行茶法

景迈山古树茶盛名已久，在得天独厚的原始森林中生成，自带回甘迅猛、喉韵悠长的山野气息。普洱茶是容易吸味的茶，景迈山古茶林的普洱茶在生长的过程中将周边植物的花香果香吸过来，形成独特的兰花香、蜜香等自然香的口感。普洱生茶以自然的方式存放，不用人工渥堆加工处理，依靠年份的沉淀进行茶物质转化，最大程度保存茶叶的鲜爽，在时间的积累中茶性逐渐变得柔和，口感的层次也更加丰富起来；普洱熟茶因多了渥堆发酵的工艺，褪去了生茶迅猛的气息，茶性偏温润，味道更为纯和，具有独特的陈香与枣香。

行茶注点，如人饮水，各有异趣。笔者以茶人李曙韵老师的行茶方式冲泡，归纳如下：

煮水备物：冲泡茶叶之水以山泉水为上，井水次之，在日常生活中多使用农夫山泉。将水以炭火煮沸，沸腾的水能激发茶叶物质，使得香气迅速弥漫。以沸水温茶具，茶具以紫砂壶、银壶、盖碗为佳。紫砂壶同茶叶的物质结合转化，泡出的普洱茶香味更加浓郁。银壶尤其适合有年份的茶叶，银离子的释放可以更快激发陈茶的惰性，释放茶物质。而盖碗因其瀑布状的出水方式，更有利于茶叶鲜香之气的迅速激发。投茶一般8.3克为宜。

醒茶识香：普洱茶大多为紧压茶，需要用沸水醒茶，同时也起到洗茶清洁的作用。醒茶后闻香，杯盖只需在鼻前一晃而过，普洱茶的余韵便娓娓展开。之后用醒茶的水温杯，提升品茗杯的温度。

注水出汤：不同的茶叶需要用不同的力道与方式进行注水。普洱生茶的特性需要用定点高冲的行茶法，迅猛有力度的水流才能更好激发生茶的茶香与滋味。而普洱熟茶则用定点低斟，或者环壁注水的方式，缓缓入水，激发熟茶的香醇之气。前几泡应迅速出汤，避免久浸苦涩，而后可适当坐杯。

分茶传杯：将公杯中的茶汤均匀分于品茗杯中，以浅托的方式送至茶客面前。

请茶谢礼：主人邀请客人品鉴指教，客人食指与中指扣桌两次向主人表示谢意，主人则回以感谢。

哎冷山古茶品鉴

哎冷山古茶林是景迈山最高峰的古茶林，相传为茶祖帕哎冷最早开始驯化、栽培的古茶林。古茶林同原始森林共同生成，形成天然的林下茶生态系统，茶叶条索乌黑油润，干茶茶香怡人，其鲜叶微涩，山野气韵长久，生津回甘迅猛持久。

哎冷山古茶品鉴记：

茶时：2021年2月29日晚上8时，天气晴，繁
　　　星点点
品地：阿百腊客栈
茶品：景迈茶砖·景迈山哎冷山古树生茶
年份：2014年
水品：山泉水，水温约98℃
泡法：下投法
投量：8克

茶形：条索清晰完整，壮实少量显毫，油润

洗茶：茶香飘逸，茶汤呈淡金黄色，明亮
　　　透彻

开汤：兰花香，入口微润，无苦涩感。生津
　　　回甘迅速，唇齿留香

香气：兰花香明显，蜜香隐现

茶汤：香气馥郁，显甜度，回甘直接，呈现
　　　醇和的花香，喉韵足

茶底：浅黄绿色，弹性好，均匀完整

品鉴感受： 这款景迈茶砖由阿百腊客栈用14年的生茶压制而成，7年的陈化时间让生茶的生涩感逐渐褪去，醒茶的茶汤透亮度与纯净度极好，已经开始呈现淡淡的金黄色。叶底均匀完整，具有韧性，显示出茶叶的活性极好。茶汤入口山野气韵十足，兰花香表现明显并开始向蜜香转化，其物质感体验强烈，甜感适中，回甘直接，呈现出醇和的花香，喉韵足。预计在合适的存放条件下，其品饮价值与收藏价值将得以提升，日常作为口粮茶品饮，表现也颇为让人享受。

在阿百腊客栈品鉴景迈山哎冷山古树生茶（范建华　摄）

景迈山民宿的庭院（范建华　摄）

大平掌古茶品鉴

　　大平掌古茶林是景迈山的核心古茶林，地势平坦，因其地形像手掌得名大平掌。在高山云雾中，古茶树与参天古树共同生长，造就大平掌茶区香气高昂、回甘鲜爽迅猛、喉韵悠长的普洱茶。

大平掌古茶品鉴记：

茶时：2021年3月2日下午4时，天气晴朗

品地：柏联普洱茶庄园

茶品：典藏·景迈山大平掌古树生茶

年份：2008年

水品：山泉水，水温约98℃

泡法：下投法

投量：8克

茶形：条索清晰完整，壮实少量显毫，油润

洗茶：茶香飘逸，茶汤呈黄橙色，明亮透彻

开汤：蜜香，枣香，入口醇厚甜润，无苦涩

感。生津回甘迅速，唇齿留香

香气：蜜香明显，枣香隐现

茶汤：醇厚柔滑，甜度极好，回甘直接，润
度好，喉韵悠长

茶底：黄橙色，弹性好，均匀完整，有生命力

品鉴感受：这款柏联普洱茶庄园2008年"典
藏"系列生普是柏联普洱的代表作之一，在高度
标准化的仓储环境中存储较好，陈化明显，在岁
月的沉淀中褪去生茶的涩感，茶汤也由明亮的黄
色转为黄橙色，茶汤更为醇厚饱满，润滑度有很
大的提升。口感层次除了明显的蜜香，向更为丰
富的枣香转化。甜度纯正，回甘也更为直接，预
计在合理的存放环境下陈放转化，其品饮价值与
收藏价值会持续增长。

　　茶，不是宗教，却是茶人一生的信仰。景迈
山的人们在日复一日的茶事与行茶中以茶为魂，
以茶养德，借茶修为，丰富了景迈山世居民族的
和谐相处理念，使边疆民族地区的物质文明与精
神文明建设健康有序发展，也向全世界提供了一
份"符合世界遗产突出普遍价值"的人与自然和
谐共处的独特样本。

山居茶事：他乡·故乡

与岩恩在其茶室喝茶聊天（范建华　摄）

岩恩：从"不想待在这里" 到"要让更多的人爱上这里"

　　第一次去往景迈山，朦胧而陌生，若能有幸结识一两位土生土长的景迈山人，听他们讲一讲关于这片土地还有他们自己的故事，伴着古寨灯火，氤氲茶香，那人、那景、那情便真的会深入脑海，让人永远记在心里。友人周重林常年行走于各大茶山，深入山野村寨进行实地调研，听说我要去景迈山，便提出帮忙引荐一位在当地颇有名气的好兄弟，傣名叫岩恩，汉名叫周子文，是景迈世家茶业的董事长，说他不仅茶做得出挑，人亦是个性出众，魅力十足，基于这份特殊的际遇和缘分，岩恩成了我在景迈山相识的第一位朋友。

　　记得2021年1月刚来景迈山时，因新冠肺炎疫情管控严格，外来人员从澜沧机场出站必须提供当地出示的相关证明，才被允许进入，而细心的岩恩早已考虑到这一情况，让他的表弟岩衣揣着一份村委会盖章的情况说明书，守在出口安检处等候我们，情况说明书刚递完，我们便坐着岩衣的车，如此轻松地踏上了前往景迈山的路。下午四点半的阳光，多了份温暖，少了份炙热，望着窗外流转的绚丽色彩，心也跟着暖和起来，宽阔起来。与岩衣时而聊聊当地轶闻趣事，时而谈谈近些年山上茶叶的发展，还没来得及打个小盹儿，82公里的盘山绿道就走完了。从芒梗村入口处下坡几米，一幢造型恢宏大气的傣式建筑映入眼帘，屋顶采用传统挂瓦和牛角装饰，庭院大门的两侧雕刻着象征民族图腾崇拜的大象，门前还立了一块看上去很有年份的石头，上面写着"景迈世家"几个苍劲有力的大字，毫无悬念，这里就是景迈世家茶厂，也即岩恩的家。"范老师，你们来了！"身穿黑色休闲皮夹克的岩恩从远处迎面走来，向我们热情地打招呼，步履轻快矫健，身旁还跟着两位"贴身保镖"，颇有上海滩大哥大的气派。待我们一步步走近，才渐渐看清对方的模样，这位傣家兄弟有着少数民族特有的深邃眉目，一双会说话的眼睛闪着真诚的光芒，和善而又稳重的面容透着洒脱和干练，时光在他身上留下的些许痕迹，不禁让人好奇他所拥有的深厚阅历。在一番热烈的寒暄攀谈中，我发现岩恩脸颊微微泛红，难不成是见着我们害羞了起来？再望望身旁的一位友人，微笑中淌着明显的醉意，怕是没有五分也有三分。"我们喝到三点多才结束中午场"，而从白天持续到深夜，一天连赶几家饭局，在景迈山，在景迈世家，也是常有的事。如果不是疫情，岩恩家每天最少接待两桌客人，正所谓来者皆知己，朋友、朋友的朋友，认得、不认得的，坐下就开始谈天说地，畅谈自如，一年光接待费就要上百万元。在当今普遍谈论利益的年代，烟火气和人情味更易唤醒乡愁，温暖人心，像景迈山这样，寨子里素昧平生的乡民主动邀请你进屋歇歇脚，围火烤茶话家常，斟满鲜酿的苞谷酒欢迎远方的客人，还有像岩恩家这样，不论你是否为上山采购原料的茶商，也不管你此行能否为茶厂创造收益，来了便能让你感受到最真挚情谊的地方，会让人悠然向往，流连不已。暮色微醺，晚风乍起，太阳开始收起它的光晕，在山谷缓缓地沉了下去，当最后一抹晚霞褪尽，星光般的灯火点亮大村小寨，景迈山热闹欢脱的夜生活，才刚刚开始。"景迈欢迎你，相聚在这里，高山云雾出好茶，村村寨寨欢迎你"，衣裙斑斓、神采奕奕的民族友人拍打着欢快的鼓点，自弹自唱风土小调，伴着动情的旋律，大家一起围着圆桌载歌载舞，举杯共饮，谈笑随心，碰了杯，不用言说，心与心更近了，在清醒或是微醉间，岩恩与我聊起了他那朴实而有力量的故事。

与景迈山民族友人载歌载舞、举杯共饮（范建华　摄）

曾经走出大山，想看更广阔的世界

　　1982年出生的岩恩，是茶祖召糯腊的子孙，也是大地主的后人，他的爷爷曾是当地地位显赫的地主小绅，后来因为特殊的历史原因，加上过去依靠的经济作物茶叶卖不上价，到了父亲这一代，便成了清贫如洗的平民百姓，"我们家那时候在景迈山算是最穷的，连基本温饱都成问题"，贫穷成为刻入岩恩骨子里的记忆。因此穿着爱心公益衣物长大的岩恩，从小刻苦钻研，勤奋念书，"走出大山，去看更广阔的世界"是他一直渴望实现的梦想。1998年初中毕业后，为了减轻父母的经济负担，岩恩选择了离家不算太远的思茅财校，就读企业管理专业，也是在那里遇上了学企业会计的妻子——刀玉，从初恋的懵懂情愫到圆满修成正果，这种最完美的爱情，让多少人羡慕。2001年财校毕业后，岩恩和妻子约定一起参加公务员考试，可能是上天安排对他们意志和爱情的考验，两人均仅差两分录取。"景迈山实在是太困难了，我不想待在这里"，年轻的时候，谁不向往车水马龙、繁华璀璨的现代都市，岩恩自然也不例外，为了继续提升自己，2002年岩恩参军入伍，成为广州空军陆战队的一名侦察兵，其间，还去北京航空博物馆防化训练基地培训了三个月。部队两年的高强度训练，既锻炼了他的胆量和勇气，也培育了他敏锐的判断力与做事的专注力，加之财校运营知识的系统化学习，2004年退伍后，岩恩抓住市场刚掀起的普洱茶热潮，内心清晰地笃定今后的职业生涯之路——"我要做茶，而且要把家乡景迈山的茶盘活起来！"退役后的半年时间里，岩恩依靠部队发的2000元补助金，以及父亲给的1万元创业资金，在广州芳村、昆明康乐茶城、前卫茶城等各大茶叶市场跑了半年，一个人背着几斤毛茶挨家挨户去找茶商推销，经过坚持不懈的尝试，慢慢地积累了一些优质客户资源，2005年底便在普洱市开了一家茶庄，供应自己家的原料，只卖毛料，不压饼。"还记得第一单是卖给昆明的一座小茶城，订单额有五六万块钱"，有了人生的第一桶金，再加上对市场商机的敏锐把握，2006年岩恩回到景迈山盖了一家初制所。2005年景迈山最好的茶叶一公斤80块，到了2007年上半年则涨至七八百，在茶价疯狂攀升的诱惑下，2007年初制所生产了几十吨毛茶，"当时胆子大，天不怕地不怕的，也没想过卖不掉怎么办，看到茶叶价格好没考虑那么多"，然而当资本家背后操盘炒作，导致产品价格远远超出价值之时，势必会有泡沫破裂的那一天，普洱茶也不例外，很快茶市盛极而衰，在一夜之间大崩盘，茶价出现断崖式暴跌。"我们从茶农手中收购鲜叶，包括加工在

从岩恩家眺望芒埂村景致（范建华　摄）

内的成本为一公斤500块，卖600块，2007年下半年崩盘后，原料全部堆积，不管价格多少，原料完全没人要，2008年价格下降到120块，很多人提到2007年茶都不肯要，因为2007年假茶太多，2006年价格开始暴涨后，广西小叶种、越南、缅甸、老挝的茶全部运到云南，影响云南茶叶市场，疯狂炒作，假货很多，景迈山只要做茶的全部都亏损。"这是岩恩最不愿提及的一段时光，也是他一生都难以忘怀的一次经历。"亏几千对我来说都是个天文数字，更何况亏了200万，乡亲们信任我，没有签订合同提前把鲜叶交进来，他们就指望着这点采购款养家糊口，当时我都不知如何向大伙交代，想死的心都有，头发也白完了。"人的一生，总有一段或黯淡或明朗的岁月，但这种刻骨铭心的记忆，也幻化为一股强大的力量，激发我们继续前行的勇气。

向前看，大不了一切重新开始

在那次市场崩盘浩劫中，前一晚富甲一方，第二天倾家荡产的茶商比比皆是，有人从此一蹶不振，黯然离场，也有人不惧失败，卷土重来。2008年初，岩恩背负着沉重的债务，换掉手机卡，与家人断了联系，只身踏上了前往他乡开拓市场的路途。患难，才见真情，在人生至暗时刻，妻子刀玉一直在背后鼓励他，不仅将自己日常积蓄全部拿出支持岩恩创业，还做出一个重大决定——"登记结婚，两人一起打拼，一起还债"。被问及为何在丈夫生意失败之时，还愿意嫁给他，刀玉说："做生意嘛，就是有亏有赢，这没什么的，我始终相信他的能力和为人，我脾气比较急，而他脾气温和，要是找其他人那不得了，要鸡飞狗跳的。"其实所有的心甘情愿，都起底于心中那份最真挚的爱与牵挂。2009年刀玉辞去杭州的工作，陪同岩恩再次回到家乡景迈山，两人分工协作，优势互补，刀玉负责所有财务方面的事情，岩恩则把工作重心放在销售、客户渠道拓展与维护上。天生的商业头脑，让岩恩找到了一条新出路——互联网推广，"总要有人第一个吃螃蟹，等别人都做了你再去追随，那就迟了"。2010年岩恩拉了景迈山第一根网线，利用网易博客发布茶叶的图片简介，引来不少茶客关注和主动联系。"当时我贷款五万块钱做茶，通过QQ联系发样品给茶客，五万块钱茶全部发完了，我父亲买烟的钱都没有，把烟也戒了，一提到茶叶就骂我"，回想起那会儿的窘境，岩恩"哈哈"地咧嘴笑了起来，颇有感染力的爽朗笑声，让人倍感实在与坦诚。脚踏实地，勇于尝试，总会有收获，靠着市场口碑，以客带客，景迈世家逐渐积累起了一波稳定的优质客源，销量也开始明显回升，到了2014年便将欠款全部还清。"做茶亏损的那几年，乡亲们也没来讨债闹事，这边的人都很友好朴实，人情味重，家里实在困难急需用钱的，才会过来问一下，要是我们资金不够，乡亲们也不会逼。"其实这跟岩恩一家的为人有关，每次生意账款一到，就会第一时间结清茶农的工钱。2014年之后，景迈世家的发展开始进入快车道，每年茶叶稳定销售30吨，产值达4000万元。随着普洱茶市场竞争愈发激烈，岩恩意识到仅仅靠卖毛茶原料，没有自主品牌，必然会失去定价权、主导权，在尝到"产品推广受制于人"的苦涩后，2017年6月创立了景迈世家茶业有限公司，并持续推进品牌保护与创新，每开发一种产品就注册一个品牌，目前拥有包括召糯腊在内的子品牌30余个。

不忘初心，一片赤诚为家乡

岩恩没有忘记过去的艰难岁月，没有忘记那些曾经帮助过自己的父老乡亲，更没有忘记生养自己的这片故土，在自身奔跑的同时，他一直竭尽所能为家乡的建设和发展，献计出力，牵线搭桥，带着大伙向更美好的方向前进。为响应政府号召，景迈世家2011年创办茶叶农民专业合作社，将茶农组织起来抱团发展，增强茶农抵御市场风险的能力，利用本土优势资源，依靠茶产业拉动当地经济，带领村民走上小康致富之路，现有14个合作社，社内共有228户茶农，辐射面达508户，占景迈山茶农总户的三分之二，其中42户建档立卡社员已全部脱贫。"2000年之前，这边还没通水电，很多地方都是泥巴路，2005年、2006年茶卖得上价后，景迈山的生活环境水平逐渐改善，不少村民已经将传统木质房屋改建成现代化的钢筋水泥房"，村寨居民改善住房需求与保持传统村落风貌的申遗要求之间存在内生矛盾，为了消解大家心中的顾虑和抵触情绪，岩恩和村委会多次走访邻里，了解大家所想的、所要

岩恩的"景迈世家"茶社，也是岩恩的家（范建华 摄）

的，耐心细致地解释申遗成功将会带来的切身利
益和机遇，有时候沟通交谈到凌晨两点才结束。
在岩恩看来，申遗是推动景迈山保护传承、产业
发展、地方稳定、生态协调，乃至中国茶文化、
茶品牌"走出去"的好事，尤其茶山申遗，在世
界上都是独一无二的，"但申遗不完全是政府的
事，是大家的事，必须让老百姓参与进来，保护
古茶园，保护传统村落，爱护卫生环境。今天的
我们更有责任，也更有资源和渠道来守护景迈
山，景迈世家将永远怀着赤诚之心回馈家乡，反
哺社会"。作为申遗永不缺席的志愿者，景迈世
家发起并承办了首届景迈山古茶林山地马拉松、
"景迈世家杯"普洱市第七届千队气排球大赛等
活动，向世人推介景迈山古茶林文化景观，展示
当地生活的新风貌和新形象，以实际行动传承景
迈山的文明与灵性。从小收获他人温暖和帮助的
岩恩，也一直在默默地回馈这份温暖，践行着自
己的公益之事，将爱心传递和延续下去。岩恩每
年都会走进南座和笼蚌的60多户贫困户家中，为
他们送去油米等生活物资，虽然不是一个民族，
但"都是一座山，他们寨子困难，想着先帮忙缓
解一下生活压力"。同时，岩恩深知要想脱贫，
改变家乡的村容村貌，最根本的是实现精神脱
贫，全面提升人的综合素质，因此他常举办各类
知识培训活动，带社员去北上广等发达城市的茶

叶基地、茶博会开阔眼界，活跃思想，近五年来还私下资助了20多名澜沧民族中学、澜沧一中的贫困学生，直至他们毕业为止，总资助金额每年在12万元左右。"小时候我家生活条件差，没能读更多的书，现在有条件了，我希望能为寒门学子做点小事，让他们离自己的理想更进一步。"对于所做的爱心善事，岩恩从不张扬也不谋名，要不是顺着谈话逻辑往下细问，这些公益行动将成为藏在他心底的小秘密。岩恩偷偷告诉我，其实他不喜欢接受采访，与其夸夸其谈地说，还不如把精力积攒起来做一些更有意义的事情，况且这都是他发自内心想要做的，没必要宣传让别人知晓。因此当我说想把他的故事分享在书中的时候，岩恩轻轻地摆了摆手，又笑笑说："我的故事很简单的，还是多写写景迈山，写写我们这边的古茶林和民族风情吧！"

在景迈山的这几天，我们一起赏葱郁茶林与古朴村落相映生辉的美景，聊当地独特的历史文化和民风民俗，一起品了有着景迈世家传统味道的古树茶，体验精细而又严格的手工制茶过程，还尝了尝岩恩在山上放养的小冬瓜猪烤肉……于朝夕相处间，细枝末节处，我也发现了这位傣家兄弟的魅力所在：随性豪迈做自己，真情实意待他人，坚守匠心做好茶，独到眼光看世界。

王莉夫妇：蜂神树下的不期而遇，是你我心中最美的风景

在布朗族聚居村落芒景上寨，有一座山庄掩映于绿影婆娑的芭蕉和古树间，传统的木制干栏式瓦房充满了浓郁的原始味道，屋顶翘角处伫立着代表布朗族精神图腾的"一芽两叶"，不禁让人浮想当地民族与茶之间的缕缕情愫。从牌匾上刻写着"阿百腊普洱茶"的大堂漫步而出，顺着木质楼梯和栈道往里走，会发现这里竟把森林搬进了餐厅、茶室、凉亭、客房，对自然之物的眷恋与呵护，细腻且真挚。丛丛翠竹疏影摇曳，几棵大树自下而上穿屋而出，既保护了树，又将自然与景观巧妙地融于一体，小鸟在屋顶瓦檐下筑巢栖息把歌唱，四周环绕围裹的绿色让客栈成了大自然的一分子。这里住着一户平凡又出众的人家，平凡在于他们与其他乡亲一样，日出而作，日落而息，世代以种茶、制茶为生；出众则因为

王莉夫妇身穿民族服饰合照（王莉　提供）

他们是布朗族末代头人阿里亚的后裔，身上流淌着几代人的辉煌历史，主人南康也是引领芒景村建设发展和民族文化保护传承的当代传奇人物。怀着由衷的敬佩之心，赞赏之情，本想会会这位肩负起民族文化振兴希望的追梦人，但由于当天南康带着孙女前往县城报名入学，第二天还没歇个脚又外出接待专家团队的参观考察，为成功申遗做足准备，因而此行未能见着南康本人，略微遗憾，好在他的二儿子聂江新和儿媳妇王莉的热情风趣，延续了我奔腾的心情和小憧憬，他们奇缘般的相遇相爱，一家人温情满满的相依相伴，描摹出了理想生活应有的样子。

情人节，她在这里找到了家

初见王莉时，她身穿藏蓝色与亮红色条纹相间的紧腰上衣，下装配以镶饰彩色花边的长筒裙，还斜挎着一个民族刺绣的花白色腰包，发髻简单上盘，温婉典雅的传统着装，加上她那明亮澄澈的大眼睛和阳光爽朗的笑容，散发出一种不加雕饰的质朴美，就像景迈山的风景和空气，自然而纯净。在茶室，王莉一边手艺娴熟地投茶、注水、斟茶，一边跟大家热聊，从制茶工艺流程、不同茶类口感差别、养生保健功效的科普，到当地婚丧嫁娶的风俗习惯、民间信仰与交往礼仪的解说，全面又透彻，要是王莉不透露自己老家在四川自贡，我一定以为她是位地地道道的布朗族姑娘。王莉与聂江新同岁，皆是最早一批"90后"，小时候的王莉像所有留守儿童一样，跟着奶奶在老家生活，到了初中升高中时，为了给孩子更好的教育，在澜沧县从事建筑行业的父母便将王莉转学至澜沧中学，这为王莉和聂江新

王莉为我们泡茶并讲述她与丈夫聂江新相识的故事（范建华　摄）

的相识搭起了缘分的第一道桥，只不过那时的王
莉还在校园奋笔疾书，而聂江新已早早辍学，承
担起了家庭顶梁柱的责任。由于当时教育政策硬
性规定，户口转入澜沧县不满三年，只能报考云
南省内院校，王莉凭借不错的英语成绩，被昆明
理工大学成功录取。或许是因为对新鲜事物的追
求与好奇，又或许想开阔眼界，增长阅历，2013
年大学毕业后的王莉，没有从事与自己专业相关
的行业，进入昆百大集团从事人力资源管理工
作。一个是繁华都市的白领丽人，一个是偏隅山
区的布朗族小伙，看似不同世界的两个人，却跨
越高山、文化、宗教、民族的层层阻隔最终走到
了一起。对于两人的结缘，王莉觉得是"来景迈
山问路问到的"，聂江新觉得是"自己铆足勇气
要联系方式要来的"，而见证他们这场美丽邂逅
的灵物，便是一棵吊缀着70多只蜂巢的神奇大
榕树。

　　每一个故事的开头，都有一份美好的相遇。
2014年2月14日，这天恰好是情人节，空气中都
弥漫着喜庆又甜蜜的味道，趁着休年假，王莉和
高中同学结伴而行，满怀欣喜和向往，踏上了说
走就走的景迈山之旅。暖阳、翠绿、繁花、茶香
一路相伴，走过悠远宁静的村寨古道，赏过云雾
缭绕的万亩茶林，王莉还想去打卡一个惦念已久
的景点——哎冷山脚下那棵有着神秘色彩的百年

蜂神树。在岔道连着岔道，曲径通幽，如迷宫般的芒景上寨，王莉和伙伴走着走着就在分岔口迷了路。"你好，请问蜂神树该往哪里走？"王莉走到正在屋外炒菜的聂江新跟前，柔语轻声地问道。待聂江新抬起头望向自己，王莉觉得眼前这位男生似曾相识，好像在哪里见过，王莉仔细回想后，脑海里蹦出一个人物——茶祖庙里的召糯腊祖先，聂江新的五官轮廓与茶祖颇为神似，浓黑的眉宇间透着一股英气，鼻梁高挺，眼神深邃，笑起来还有点腼腆。两人话虽不多，彼此相望时的会心一笑，却直抵对方心里最温柔的地方，好感，在不经意间，悄悄地萌芽。"再往前面走一点路就到了，要不我们留个号码？如果你找不到，随时给我打电话。"平日里内敛腼腆、不善言辞的聂江新，鼓起勇气，简洁而又直接地问询。于是，在护佑人们幸福吉祥的蜂神树的见证下，王莉和聂江新互留了电话号码，他们之间的爱也在日常的互动联系中，一点一滴地积累和升华。

爱，到最后便是互相融入

当初宁可放弃事业编制也不回县城的王莉，却愿意为了爱人走进大山深处，想必聂江新一定有他独特的个人魅力。"他不仅手工制茶技艺好，做菜也很厉害，我就是被浓浓的菜香吸引过

哎冷山脚下的百年蜂神树（范建华　摄）

来的"，王莉开玩笑地调侃，但其实最吸引打动王莉的，还是丈夫沉稳可靠、不怕吃苦的精神品质。小时候家里经济条件差，兄弟俩只能供得上一人念书，身体更强健的聂江新把学习机会留给了哥哥，自己承担起了家里干活的主力。在其他孩子还在父母怀里撒娇的时候，10岁出头的他就跟随父母上山开垦农地，当时古茶树鲜叶只卖5毛钱一斤，为了种植收益更高的农作物，家里又租赁了几百亩地种甘蔗，没有水电，交通不便，就在这样的艰苦环境下，聂江新带着小工种甘蔗、砍甘蔗，在山上一待就是半个月。虽然从小看大人制茶，耳濡目染对茶很熟悉，为了提炼传统制茶工序的精髓，15岁时聂江新便带着从茶地采来的鲜叶登门拜师学艺，在布朗公主茶厂研修过，还得到黄春明等知名制茶匠人的指点授艺，而从清晨到凌晨，无停歇地采茶制茶，对他来说更是家常便饭。所谓实践出真知，通过多年潜心钻研、勤恳踏实的学习，聂江新成了景迈山传统手工制茶技艺的新生代传承人，2018年他炒制的普洱生茶在众多大品牌中脱颖而出，获得第二届中国国际茶叶博览会金奖。"茶业和客栈需要我丈夫打理，他不可能离开家来昆明生活，而我虽然在昆明待了五年，但是生活漂浮不定，内心始终没有归属感，相恋的一年里，他让我感受到了无微不至的体贴和呵护，所以我愿意把自己托付给他，踏踏实实地成家过日子。"王莉和聂江新发出结婚喜讯时，很多朋友表示惊讶和不理解，觉得王莉放弃大城市的事业来到偏远山区，有点想不通，但王莉觉得，两个人在一起，总有一方需要做出更多的牺牲。恋爱那会儿，王莉经常在昆明和澜沧两地来回跑，当时澜沧县还没建机场，需要飞到景洪转几趟车来景迈山，帮丈夫家做些事再赶回去上班，长时间的异地恋，加上家里老人也在询问结婚之事，于是就"稀里糊涂"地结了婚。"爱情是不能想明白的，想明白就没有爱情了。"这是王莉深切体会后，对爱情的思索和感悟，经典又现实，实际上，也的确如此，凡事不能看得太透，简单些，方能感受到生活中的点滴美好。

"没孩子的时候，我在山上也待不住，三天两头就想往城里跑，但是有孩子后，事情多了感觉一年年过得很快，心也慢慢地沉静下来，这里是我的家园，也有我的事业，我已经依恋上了这边自然纯粹、与世无争的生活。现在要是出去一趟，还会牵挂客栈，担心客人觉得哪里不干净或者有什么不满意的地方，心里放不下也丢不下。"结婚后，王莉和丈夫、两个孩子以及公公婆婆一家六口住在一起，王莉承接着客栈管理、茶叶品牌营销推广的工作，聂江新则留出更多的精力安心做好茶，父亲南康负责接待从各地慕名而来的参观者，传播民族文化，母亲负责采摘茶叶、管护茶园，每个人都有自己擅长的部分，彼此配合，相互成全。这家"森林客栈"，利用前些年做茶积累的资金建盖，2013年正式营业，现在共有24间房，40多个床位。虽然客栈人气不错，总是人进人出，热闹鼎沸，但接待客人常常不收房费，为朋友呈上一桌精心准备的待客佳肴，就能抵消几天的房租收益，因此客栈的接待收入并不高，很多时候还要倒贴钱进去。"我们设立阿百腊山庄的主要目的并不是赚钱，而是将它作为一个代表性的接待中心，作为一扇展示布朗族文化的窗口。"在山庄，可以坐在古老的火塘旁一边品地道的烤茶，一边听南康大叔讲述布朗族传统习俗和茶祖帕哎冷的故事，还可以试试当地独特有趣的竹筒水烟，在那一声声"咕噜噜"的伴奏下，心情也会变得轻快舒畅起来。

父亲南康，是他们小一辈的榜样

在茶叶就是"金叶子"的景迈山上，村民们世代以茶为业，与茶相伴，聂江新一家也不例外，主要收入来源依旧靠卖茶，只不过每年收益的具体账目从没仔细计算过，当年没卖完的春茶直接存入仓库，等到来年再卖，所以算也算不清，只要茶价不出现大幅波动，便能获得心满意足的收入。据王莉介绍，阿百腊茶业涵盖生茶、

芒景上寨（范建华　摄）

熟茶、白茶等品类，主打产品为传统手工制作的生茶，由于山上缺乏发酵熟茶的最佳环境和设备，因此熟茶一般送往勐海县，交给经验丰富、工艺精湛的老师傅来制作。茶厂还拥有常年稳定合作的客户，客户群体广泛分布于国内外，有些在茶博会上相识，有些素未谋面却基于信任长期下单，也有些亲自来景迈山上门寻茶，就像我们探访阿百腊山庄的当晚，偶遇邻桌几位正在和民族友人举杯畅饮、欢声歌唱的新疆茶商，在考察茶叶品质之余，还能收获一场悦眼亦悦心的美好旅程。聂江新家自2004年开始做茶，最初只向澜沧古茶等大型茶厂供应毛茶原料，在意识到自主品牌的重要性和价值后，父亲南康于2008年注册"阿百腊普洱茶"商标，并带头推动成立了芒景古茶农民专业合作社、芒景古茶保护协会以及景迈山古茶林普洱茶诚信联盟，以促进景迈山茶叶经济的绿色可持续发展。

谈及父亲南康，聂江新和王莉两人的言辞间满是敬佩，"爸爸身上那股难能可贵的韧劲，还有他持之以恒的学习精神，值得我们小一辈好好学习"。20世纪90年代初，父亲南康在糯岗那边的茶厂从事技术指导工作，那时茶叶还不值钱，家里穷到连饭都吃不饱，为了养活一家老小，1999年南康便去芒埂村租来1000余亩地，租地的钱是他拿着烟酒挨家挨户，几十块一百块这样筹

景迈山大叶种茶茶叶（范建华　摄）

借来的，聂江新还记得，不管刮风下雨还是艳阳高照，总能在地里看到父亲默默劳作的身影。五年的甘蔗种植颇有收益，南康家成了山上为数不多的万元户，紧接着2004年茶叶公司陆续进入景迈山，开始打开普洱茶市场，种茶制茶成为全村人的主业，家里的生活条件也随之好转。2012年修建客栈的时候，大家都建议父亲盖钢筋混凝土的现代化住宅，因为传统木屋容易遭雨水腐蚀，一到夏天雨水季，房屋潮湿到衣服都能拧出水来，根本晒不干，可南康却以"地形不符合"以及"木头房是我们的传统建筑，是民族文化的历史见证，不能丢"为由，将老木屋保留了下来。南康曾在芒景村担任村委会主任、党总书记二十余年，一直不遗余力地推动景迈山的可持续发展：倡导保持传统村落原貌、推广传承布朗族文化和传统手工制茶技艺、禁止施用化肥农药、采用环保碎石块铺路保护古茶林、协助国内外专家开展申遗筹备工作……"基层领导不好当，这些建议举措并不是每个村民都能理解的，之前大家意见不统一产生分歧的时候，妈妈都不愿出门走亲访友，每次路过一帮村民话家常就会刻意回避走开，但是现在大家看到坚守传统所带来的发展成效后，也慢慢理解了我爸的良苦用心，越来越多的人支持他的想法和工作。"退休后的南康，依旧不忘学习新鲜事物，更新自己的知识库，不

王莉夫妇家的古老茶树（范建华 摄）

仅坚持每日看新闻，了解实时动态，还自学电脑操作和英语，利用已有的词汇储备加上翻译软件的帮助，便能跟外国友人无障碍地沟通交流，按王莉的话说："爸爸完美地演绎了，什么叫活到老学到老，他是我们身边的榜样，也是一家人的骄傲"。

景迈山虽比不上大都市热闹喧哗、精致靓丽，却是王莉愿意生活一辈子的地方，因为这里有浩然纯净的蓝天白云，有挥洒着花香茶香的新鲜空气，有静谧秀美的原始风光，有淳朴热情的乡里邻舍，还有她依恋的家和相濡以沫的爱人，王莉梦中的诗和远方，都在景迈山有了模样。

玉班：归乡，归根到底还是为了这片土地

在景迈山西部的南门河畔旁，坐落着一个名为帮改的古老村寨，与景迈行政村内其他寨子不同的是，帮改寨是一个傣族支系水傣聚居的村寨，也现存着景迈山面积最大的稻田，共计1200余亩，村寨田地依山而建，木屋、稻田、茶林和谐相接，尤其在清晨缥缈云海、绚丽朝霞的渲染下，宛若一幅色彩斑斓的诗意画卷。走进村寨，田间透着光亮金色的稻穗，在微风轻拂中摇曳生姿，沐浴在金色阳光下的佛寺响起清澈的梵音，面目慈润的阿妈正在屋外专注地摊晾萎凋的鲜叶，袅袅茶香沁人心脾，好客的小卜哨给你递上一碗醇厚清香的传统烤茶，孩童坐在斜阳浅照的石阶上嬉戏玩耍……这里把原生态的自然意境和生活韵味体现得如此淋漓尽致。如果来帮改寨待上几天，你会发现总能见到一位穿着傣族筒裙、

景迈山：古茶莽林

景迈云海（陆家帅　摄）

玉班爬在金黄稻田旁边的古茶树上采茶（玉班　提供）

发髻简单上盘的姑娘穿梭在村头巷尾和田间地头，可能是去村民家走访慰问，了解大伙的生活境况和实际需求，推广申遗成功能为景迈山带来的发展机遇，又或许是提着劳作工具到田里收割水稻，前往茶林管护茶树、采摘鲜叶，忙碌的身影熟悉而又陌生。这位1987年出生的傣家姑娘叫玉班，2010年从昆明学院文秘专业毕业后曾在昆明的一所幼儿园当过三年幼教，也在茶企从事过总助和销售工作，都市生活虽繁华优渥，但家乡的袅袅炊烟和潺潺溪水、虫鸣花香和道劲茶树却一直萦绕在她的心田，这种对故乡的牵挂、思念之情随着时光的推移也在愈演愈烈，2014年底玉班放弃都市生活毅然决定回乡发展。归乡，是为了释放心中积蓄已久的乡愁，为了能够常常陪伴在日渐年迈的父母身边，为了能看着屋外的古茶树枝繁叶茂、四季常青，更是为了替家乡的发展建言献策，贡献自己的一份力量。

反哺家乡，是她心中最为强烈的梦想和使命

回乡后，玉班卸下都市丽人的标签，换上朴实的着装当起了地地道道的茶农，帮助家里种茶、制茶，打理茶叶生意，并注册了"玉景班"和"帮改寨"两个品牌商标，与此同时，玉班还有另一重身份——村里的基层工作者，2015年5月通过村民选举成了帮改村的会计和人大代表。作为村里的第一个大学生，玉班一直希望能将自己学到的先进知识和观念转化为发展的力量，用实际行动和成效反哺家乡、振兴家乡。由于村民受教育程度普遍较低，很少人会操作电脑，整个村电子文件的制作和传送事务基本由玉班负责，怀儿子小茶宝之时正是申遗资料收集最为集中的时候，玉班常常挺着大肚子加班赶材料，有了孩子后，先把孩子哄睡再工作到深夜也是常有之事。对于为家乡发展所做的努力，玉班认为"说得太多，还不如做实事"，当初申遗筹备期内不少村民希望将传统木屋改建成居住环境更为舒适的钢

玉班爬上茶树采茶（陆家帅 摄）

筋混凝土住房，就连自己的父亲也再三强调，等
她一出差办事，就没人阻挠自己把老房子拆除
了，为此玉班几次将外出学习的机会推掉，留在
家里为父亲及乡亲们做思想工作，讲解申遗的长
远利益以及政府为大伙提供房屋修缮和补贴资金
的保障措施，在玉班和村寨领导班子坚持不懈的
劝说和开导下，大伙才慢慢地理解了申遗的意
义，增强了自身保护传统民居的责任意识。

景迈世家董事长岩恩带我们来玉班家喝茶的
那天，我提出希望能参观一下整个帮改寨，玉班
便放下手中的烤茶罐，背着三岁的小茶宝带我沿
着她家左侧的小路往寨子深处走。玉班介绍说，
小路的下方以前是古茶林，过去茶树不值钱的时
候大伙不重视，便把古茶树挖掉盖房子，现在古
茶树都零散分布在各家屋前屋后。"虽然比不上
大平掌、哎冷山的成片茶林，但帮改寨的古茶树
数量并不少，二〇〇几年的时候我带着一些年轻
小伙和姑娘，将树围大的、有几百年树龄的古茶
树大概统计了一下，有118棵，但具体古茶树的
数量还没测算过，我爷爷家就有将近300棵古茶
树。之前有学者公开发表文章说景迈山的帮改、
南座、笼蚌三个寨子没有古茶林，我看到后立马
与这位老师联系解释我们寨子古茶树的实际情
况，因为目前我们老百姓的主要经济来源还是靠
茶叶，如果直接说我们没有的话，可能会对帮改

寨整体形象定位以及茶叶品牌塑造产生一定的影响。"走到半路时，依偎在玉班背上的小茶宝，指着小路两旁的牵牛花望向我说，"妈妈，花花"，那一朵朵攀附在墙上的紫蓝色如蝴蝶般的牵牛花，在阳光下绽放着娇艳柔美的笑容，原来聪明的小茶宝在向我们介绍，这是他妈妈种植的花儿。三年前，玉班从芒景村带来一些花苗，在寨子的微信群里发消息动员大家拿回去种植在房屋周边的挡墙上，玉班认为，"很多茶农只把眼光局限在自己售卖的茶叶上，而忽视了村寨的形象，如果整个大环境起不来的话，个体做得再好也很难实现我们村茶叶的可持续发展"，所以玉班选择引种牵牛花，不仅是为了美化村寨环境，营造更加诗情画意的乡村景致，更希望乡亲们能锻造如牵牛花一般顽强攀登、不屈不挠的精神品质，积蓄团结和善、积极向上的生活正能量。

"老师，你看我们的泼水广场"，当我们走到村寨尾端，接近南门河的时候玉班略带兴奋地说："每年过泼水节，老百姓们都会来这里集中，过去人多活动条件很差，2016年开人大代表会的时候，我就提出来如果咱们寨子里能有个泼水广场，那该多好，后面在领导班子的努力和群众的支持下，泼水广场和大象喷泉陆续竣工。"看着村寨人居环境、基础设施日渐完善，玉班打心底里感到欣慰和高兴，"我是发自内心地热爱生养

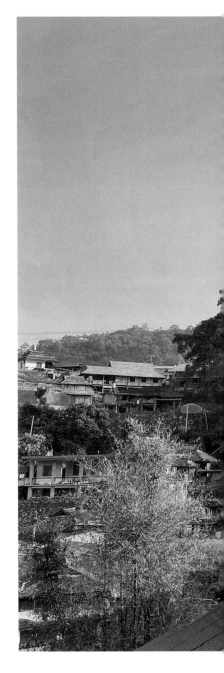

春意盎然的帮改寨（范建华 摄）

我的这片土地，村里的一小部分，甚至是一个小角落有所提升，我都会倍感开心和满足，希望帮改寨能越来越好，同时也希望村民能有爱护家乡的意识，多利用互联网展示我们的生态美景和人文风情，让大家知道原来景迈山还有这样一个傣族之乡"。

在聊到帮改寨被划定为缓冲区村寨，未被纳入遗产要素村寨的话题时，玉班认为申遗规划有相应的评估原则和考量标准，虽然有些遗憾，但更多的应该是予以理解，"有时候景迈山宣传活动或者宣传册里面没有提及帮改，老百姓会比较消极，缺乏齐力推动家乡发展的兴趣和信心，因此我常常跟大伙说，我们不要放弃，尽自己最大的努力来支持家乡建设就可以了"。玉班自身便是推广家乡的最佳践行者和带头人，在她的微信朋友圈和视频号里，有关景迈山和帮改寨旖旎风光、民族文化和生活图景的内容占据了大量篇幅，而没有像大多数茶叶微商一样狂刷自己茶叶品牌的营销广告。玉班深知互联网社交平台的强大辐射力和影响力，她不仅自创"景迈帮改寨"的公众号，定期发布村寨的资讯文章，还积极利用优酷视频、新浪微博、抖音等展现家乡的茶林景致和特色茶产业，传播家乡故事。玉班也在探索如何将帮改村打造成一个特色化、差异化的少数民族村寨，她紧扣帮改寨的水资源优势和傣

玉班正在炒茶（陆家帅　摄）

族民族特色，构思了诸如"景迈帮改　雨林傣乡""神奇景迈　魅力帮改　和谐傣乡"等帮改寨的形象宣传语，并挖掘寻找帮改寨独特的景观标识。寨子里生长着一种大叶紫薇花，这种花在整个景迈山只有帮改寨才有，每年5月至7月的花期，满树盛开的紫薇花顾盼生姿、明丽素雅，微风一吹，花瓣簌簌飘落，在雨后彩虹的衬托下，宛如一位散发着吉祥佛光的精灵女神，还有一棵代表着寨神蕴意的千年榕树王，这棵榕树自建寨起已存在，发挥着凝聚和滋养乡民精神力量的作

帮改寨（范建华 摄）

用，玉班想和寨里的领导班子一起将榕树已下垂的树根接着地设计成像芒景村一样的榕树门景观，她希望能通过细节上的点滴完善，为家乡营造一步一畦皆为景，一山一水都是画的靓丽景象。

感谢家乡，让她遇见了才华横溢的他

缘分这事说不清也道不明，往往是冥冥之中自有天意，结婚前玉班丈夫陆家帅是一名在昆明摄影培训学校工作的老师，而玉班也曾在昆明生活近八年之久，虽然居住在同一个城市甚至只相距几公里，可他们就好像两条毫无交集的平行线，在迥异的领域里有着各自的风景。2016年在一次偶然的际遇下，来景迈山摄影的陆家帅与返乡发展的玉班相识，当时玉班的妹妹和妹夫聘请陆家帅帮他们拍户外婚纱照，拍完照片后便一同来玉班家吃饭，恰巧陆家帅对茶也有着浓厚的兴趣，两人在畅聊制茶、品茶等茶文化的过程中逐渐产生了爱情的化学反应。结婚后，陆家帅辞去了在培训学校的固定工作，陪同玉班留在大山上种茶、制茶，偶尔会重操老本行接一些摄影项目。虽然陆家帅学习制茶纯属半路出家，但他所做的手工生茶丝毫不会比专业师傅差，对于勤奋肯学、善于思考的人来说，只要想做就没有能难得倒他的事，陆家帅不仅精通摄影和制茶，还写得一手好字，不少客户会特意要求他在茶饼外包装纸上为品牌Logo题字，茶叶外包装和宣传图册也由他自己设计。"最让我感动的地方是他愿意放弃居住这么多年的都市生活，跟我回到人生地不熟的山区，像这种天天挖地种茶采茶的累活，其他人可能很难坚持下去"，这是玉班在丈夫身上看到的最大闪光点。

如今玉班夫妻俩在景迈山有自己的茶园和初制所，在昆明国港城开设了一家"玉景班茶行"专营店，但由于进入茶行业的时间晚、客户量和订单量不大，茶厂仍采用自产自销、以供应私房茶为主的经营模式。对于下一个阶段的发展，玉班夫妇有两个计划，一是采用农副产品与茶叶联动销售的方式，并通过新媒体直播打破地域隔阂，将景迈山的优质特色产品推向更广泛的市场。"景迈山申遗成功后，游客量肯定大幅增长，除了参观大平掌和哎冷山古茶林、茶祖庙、传统村落外，我俩希望能在帮改寨为游客提供一个稻田休闲农庄体验基地。今年我们在泼水广场旁租了20多亩田地，4亩地用来种荷花，其他稻田种水稻及养鱼，插秧和栽种五月份已完成，即将投放鱼苗，等前期工作准备就绪、条件成熟后就开始启动上述的计划。"玉班夫妇还有一个梦想，就是希望能改变当前"村里各家做各家茶叶、水平参差不齐"的分散化状态，通过资源整

玉班丈夫陆家帅正在炒茶（玉班　提供）

合创造最大化的社会效益和经济效益。"我们村的茶叶生产还停留在家庭小作坊层面，外地茶商来实地考察看到帮改寨茶产业规模小，可能会低估茶叶的实际价值。因此我希望能组织合作社农户，采用农户自主出资占股加招商引资的模式修建一个属于我们帮改寨的茶厂，规范茶叶加工流程，促进产量规模化，并共同创造鱼米傣乡情的本土民族品牌，以就地就业的方式实现人人有事做，家家有分红，从而带动乡民增收致富。"

因为梦想，玉班曾经走出生养自己的故乡求学深造，触摸外面精彩纷呈的世界，也因为梦想回到朝思暮想的家乡，用积累多年的人生经验和知识阅历为家乡建设奋斗奔忙。"当我们怀着纯真乐观的心态，用实际行动去描绘最美家乡的蓝图时，哪怕只是贡献个人的绵薄之力，最终也会凝聚成一股无穷的力量推动家乡向前进"，这是玉班在切身实践中得到的深刻体会和认知，未来她也会和众多归乡人一样在景迈山的原野上继续守望、耕耘和期待着，为当地茶文化、茶产业的发展出谋划策、献智献力。

帮改寨举行泼水节民族大联欢（玉班　摄）

帮改寨种植的稻田与荷花（玉班　摄）

施施：筑梦景迈，此处心安
是吾乡

　　在布朗族聚居的翁基古寨，布满了琳琅满目的茶叶铺、小商店和客栈民宿，这些店面几乎都是用自家房屋改建而成的，风格调性简约古朴又不乏神秘的异域风情。在靠近村寨停车场的巷子口，坐落着一家名叫施施的饭店，饭店一楼主要供应餐饮服务，二楼则是品茗会友的茶室，茶室的门前屋后种植了品类丰富的鲜花和多肉植物，右侧还竖着一只用木头雕刻的小狗，处处洋溢出自然静美、文艺雅致的生活气息。走进茶室，一位身穿粉红色刺绣上衣的姑娘正坐在偌大的木制茶桌前沏茶，看见我们进来后，她便放下手中的茶壶，起身微笑着朝我们打招呼，"欢迎你们，我叫施施，是这家茶室的主理人"，虽然第一次见面，但她给人的感觉就像一位许久未见的老朋友，灿烂温暖而又真诚亲切。一番寒暄后，施施

施施泡茶（施施　提供）

为我们泡上了一壶2013年的景迈古树茶，她娴熟的泡茶技术，俨然一位大师，只见她将沸水注入已投茶的白瓷盖碗中，即入即出润茶一次后，再次注水，待合盖出汤，将茶汤从公道杯倒入我们每个人的品茗杯中，很快空气中弥漫着茶香，闻一缕茶香，如微风一样和煦欢畅，品茗后整个口腔都能感受到持久的回甘和独特的花蜜香，在悠然品茗的漫时光里，这位"90后"茶姑娘跟我们分享起了她那励志风趣的创业故事。

结缘景迈山，开启创业路

与其他茶铺几乎都由本地村民经营不同的

是，女主人施施是一位在孟连县长大的拉祜族姑娘，虽然是个异乡人，但她与景迈山、与茶却有着特殊的不解之缘。2012年，刚满18岁的施施从旅游服务与管理专业毕业后，来到澜沧县旅游局实习，在一次次接待外来人员参观景迈山并为他们讲解当地茶文化、民族文化的过程中，施施逐渐对普洱茶产生了浓厚兴趣，只要一有空闲，施施便会跑上山帮着茶农去茶林采茶，去村民家观摩学习制茶、泡茶、品茶，日积月累下与不少村民成了十分熟悉的好朋友。源于对茶的执着热爱和求知探索，一年实习期结束后，施施在景迈山柏联普洱茶庄园的茶会所从事茶艺师一职，"柏联会对我们进行系统性的专业培训，包括茶叶基础知识、习茶礼仪、泡茶技巧等内容，这个大平台也为我提供了与众多爱茶人士交流学习的机会"，在大型茶企工作的五年，让施施积累了丰厚的茶叶知识、社会阅历及人脉资源，在众多朋友的鼓励和看好下，施施心中萌生出自主创业做茶的想法。恰巧当时有位翁基古寨的好朋友告诉施施，家里的房屋正闲置着，可以租给她做茶室，于是2017年夏季施施便独自来到景迈山，开启了她人生中的第一次创业之路。谈起刚来景迈山做茶生意的情景，施施直到现在依然记忆尤新，"其实我刚出来创业时心理压力还挺大的，不知道开店后收益如何，未来发展都是个未知数。当时身上总共就3万多元的积蓄，除去茶室装修费2万元，就只剩下1.3万元，我还聘请了一个实习的小姑娘，每个月给她薪酬1200元，于是我就抱着这样的心态，哪怕生意不行，剩下的钱还能开员工一年的工资，无论如何都要坚持一年"，所幸的是，凭借着自己的热情诚恳、吃苦耐劳，施施茶室的口碑慢慢地积累了起来，之后陆续增设餐饮服务和住宿服务，已成为翁基古寨知名的网红店和青年创业示范点。

即使茶室人气颇高，施施依旧不忘将茶叶的品质放在第一位。景迈山上的茶叶虽能够保证原产地出品，但精湛的手工制茶技艺也是成就一款好茶的关键所在，"与当地有着几十年制茶经验的老师傅相比，我的制茶水平肯定还差得远，不过当了这么多年的茶艺师，品茶和评茶是我的强项，所以第一年刚成立茶室时，我自己没做茶，只从朋友那选取品质上乘的茶叶拿来做代销，2018年以后我承包了当地茶农十几亩古茶树，开始收购鲜叶自己加工"。除了手工制作的生茶、熟茶、月光白等茶叶品类外，施施茶室还供应石斛花、螃蟹脚、野生菌菇、野生蜂蜜等当地原生态的土特产，以满足客人多层次多样化的消费需求。施施饭店是茶室运营一年之后开业的，"那时候翁基古寨几乎没有餐饮店，很多朋友来我这边喝完茶就直接离开了，所以我就想开一家饭店，让游客朋友品尝到纯天然原生态的特色美食，店里食材都是当天新鲜采购的，主推当地少数民族风味的菜品，比如茶叶炒牛肉、茶叶蛋饼、野菜拼盘、螃蟹脚炖鸡、酸辣鱼等"。随着近两年来景迈山知名度的提升，上山的茶商和游客越来越多，施施决定扩大运营领域，打造一家带有生活烟火气息的暖心客栈。为了解决母校学弟学妹的就业问题，她召集了7个有着同样兴趣爱好和志向相投的学弟学妹来到景迈山，帮忙一起打理日常业务，大家协调合作，分工明确，施施负责整体管理，其他人根据各自擅长领域承担着茶艺展示、客栈管理、食材准备等具体事务。受疫情影响，客栈2020年12月才正式开业，除了提供住宿服务外，客栈还可根据客人要求配套茶山行、品茗下午茶、体验制茶工艺和烤茶文化以及夜晚篝火晚会等特色服务，让游客充分体验、融入当地的风土人情和自然文化生活。

独在异乡非异客，满满温情胜似亲

如今回想起在景迈山一路顺风顺水的创业历程，施施心中除了觉得幸运外，更多的是感恩，"当地政府一直很关心支持年轻人创业，希望我能把茶室和客栈运营好，发挥示范引领作用，与茶农展开深入合作，带动老百姓更新现代化的经营理念"。在踏上这片土地之后，施施才

施施饭店门口（范建华　摄）

知道，这里早就成了她的第二个故乡，"虽然不是同一个寨子的人，也不是同一个民族，但来景迈山这么多年，当地村民一直把我当作家人一样看待，我已经完全融入他们的日常生活和民风民俗，离不开这里茶香缭绕的气息和温暖朴实的百姓了"。用施施的话说，在当地其实没有合作关系，更多的还是以交朋友为主，大伙不忙的时候会互相串门喝茶、喝酒聊天，交流分享经验，有时候生意资金周转不过来，茶农们也会主动提出等施施将茶叶卖完后再把工钱给他们，理解体谅、相互帮忙似乎成了他们之间相处的常态。施施也时刻铭记着没有景迈山，没有大伙的帮助，就没有如今的自己，所以她也在尽己所能地回馈景迈山的父老乡亲，有些茶农因销售渠道窄，制好的毛茶虽然质优但卖不出去，施施便会定期向他们收购茶叶，没完全卖掉的茶叶便会存入自家仓库，想方设法帮助大伙脱贫致富。我们到访施施茶室的当天，正是一位百岁老人举办生日宴的好日子，施施说她上午去这位奶奶家帮忙布置场地、为她梳头打扮才刚回来，而这种邻里之间的亲密来往对施施来说，是再常见不过的事了，村里各家举办婚丧嫁娶仪式或者遭遇困境时，她总会第一时间到场协助，出钱出力，慷慨解囊。在施施心里，景迈山已经成了自己的家，而村里的百姓就是自己最亲的家人，她希望能实实在在地

施施茶室（施施　提供）

为大伙多做些事情。

提到未来的规划，施施准备等客栈运营稳定后，将重心转移到茶叶品牌和品质的提升上，她想按照茶叶分类设计几款有代表性的系列产品，原料包括古树茶和生态茶，品类涵盖生普、熟普、白茶、绿茶等，以满足客人多层次的品饮和消费需求，但施施并不急于求成，而是希望脚踏实地把当下每一步走好。"有些客人提出要帮我投资，扩大茶室的运营规模，但我自己不太愿意，因为如果有其他人介入管理，很多我自己想做的事就会受约束，经济压力小可心理压力大。我也没给店铺设定每年必须达到的收益额，虽然一个人管理比较辛苦，但这是我热爱的事业，我希望可以按自己的意愿做茶，让客人满意喜欢，每年销量还不错就可以了。当我的实力达到一定的点，还能跳跃到另外一件事的时候，我才会去考虑它，如果还达不到那个阶段，就把当前的事情做好，因为能力和阅历必须通过实践来慢慢成长和沉淀，脚踏实地做人做事，心里才会更踏实。"这是施施一贯秉持的人生信条，也是将来会一直践行下去的价值理念。

傍晚，夕阳西下，正是乡村田园景致最斑斓的时光，施施邀请我们去参观离饭店不远的客栈，途中我们看到一个阿婆正身手矫健地攀附在茶树上，边采茶边唱歌，仿佛悠长的岁月在老人婉转动听的布朗族歌谣中流转。我好奇地问施施，像她这么大岁数还能灵活敏捷地采茶，实属罕见。施施告诉我，在景迈山如此长寿的布朗族老人有很多，究其原因，因为喝茶，在景迈山还喝出了长寿老人。穿过茶林，在一块刻写着"景迈山施施民宿"的木质导向牌的指引下，我们见到了这幢满眼皆风景的客栈，一排干栏式的传统木屋温馨典雅之余，亦显端庄大气之美，这里的一切都被包裹在旖旎的自然风光中，屋外是片片茶林，绿树成荫，屋内窗明几净，宽敞的院子里花香萦绕，繁花似锦，屋角温暖的火塘正闪烁着金光。身穿民族服饰的姑娘迎面走来，笑靥如花。这和谐诗意的场景便是景迈山理想田园生活的缩影，是一位精致邻家姑娘用双手勾勒的美好，映射出她对乡野生活的热爱和对景迈山饱满真挚的情感。

施施民宿一角（施施　提供）

景迈山：古茶莽林

令人向往的景迈山（陆家帅　摄）

结语

　　在旅游开发和乡村振兴规划中常强调要紧紧依靠"三老"，即老天爷赐予的自然资源、老祖宗留下的历史印记及老百姓创造的生活意境，而景迈山焕发出的持久生机与活力便是这"三老"完美结合的结果。景迈山地处北回归线附近，独特的亚热带山地季风气候使其成了动植物共同的伊甸园和茶树生长的绝佳之地，那里四季如春，山峦叠翠，鲜花烂漫，山上风和日丽，山下云海茫茫，勾勒出迷人的生态和灵动的诗意，仿若一片天使遗落在人间的调色盘。布朗族、傣族等民族的先民来到景迈山以后，在森林中建村立寨并依据茶树的自然生长特性，开创了智慧的林下茶种植模式，开始大规模地人工栽培茶树。茶对于当地人来说，不仅是最物化的日常生活药品、饮品和食品，更成为一种深入骨子里、融入生命中的图腾信仰和精神慰藉。村民们秉承茶祖遗训，一代接一代地守护茶林，敬畏自然，尊重自然，以实际行动践行着"茶"字蕴含的真理——"人在草木间，人生于草木，必将还原于草木"；他们也自觉肩负起民族文化传承的历史重任，山神祭祀、寨心祭祀、山康（龕）茶祖节、泼水节等古老习俗千百年来从未断过，依然保持着神秘、神圣且鲜活的生命力；村民们自主出资建造的寨门和佛寺在朝阳的映照下金光熠熠、华丽气派又庄严神圣，而与此形成鲜明对比的是周边那一排排古朴陈旧的传统干栏式木屋。在茶叶为当地带来更为富足生活的今天，老百姓们没有舍弃凝结着先人生存智慧和族群历史记忆的老式民居，甘愿牺牲一些更为舒适便捷的居住条件，让这里的一墙一瓦、一梁一窗都充满了历史芬芳、生活温情和烟火气息。除了山野风光的诗情画意、万亩茶林的葱茏绿意，景迈山最吸引人的地方还有当地人民的友好善意和情意，来到景迈山，会发现微笑是这里的别样风景，不分四季，不分人群，从与迎面走来的傣家姑娘目光交汇时的莞尔一笑，到和茶农攀谈交易成功后彼此真诚的会心一笑，再到举杯同饮、欢歌乐舞时民族友人爽朗的开怀大笑……这些不经意间的温暖折射出了人性之中最纯粹、最本真的美好。或许是长期以来受茶的灵性滋润，当地百姓有着与茶一样的精神气质，他们知足常乐、质朴率真、谦恭温雅、积极乐观，也正因为他们内心善良，所以会用一双清澈的明眸看他人、看世界。

　　申遗是一条漫漫长路，需要政府、当地百姓和社会组织协同并进。在景迈山田野调研的那段日子里，我们见证了从细微个体到工作团体为申遗成功所付出的辛劳与努力，南康大叔4岁的小孙女跟着摄制组顶着烈日一遍又一遍地参演景迈山申遗宣传片，从未哭闹喊累，因为从小家人就教导她"要爱自己的民族，有信仰，有使命感"，守护家园和传承文化的意识早已在孩童心中生根发芽。还有像苏国文和南康一样不遗余力地扛起弘扬、复兴民族文化大任的传承人；像景迈村村支书岩永一样为推动村落保护、环境整改及村民利益协调工作在一线奔忙的基层工作者；像景迈山投资开发管理公司蒋总、柏联普洱茶庄园邱总一样怀着对普洱茶和这片土地的热爱与赤诚，把美好年华绽放在景迈山的异乡工作者；像单霁翔老师、邹怡情老师一样常年不辞劳苦奔波各地，让中华文化宝贵遗产活下来传下去的专家学者……因为有他们的存在，景迈山的故事才变得更加精彩。如今，"普洱景迈山古茶林文化景观"已被列入《世界遗产名录》，成为全球首个以"茶"为主题的世界文化遗产，祝贺景迈山！让我们一起祝福当地人民走向富裕不再返贫，祝愿景迈山幽绿绵延、万古长青！

后记

　　"绿色中国茶山行"之《景迈山：古茶莽林》终于付梓了，回想这两年为写作本书所经历的许多细节历历在目。由任维东、周重林二友酝酿策划的这套丛书，是第一套以茶山为主题的集当地生态环境、民族历史文化、经济社会状况为一体的大众读物。原创之初，便得到云南雨林古茶坊集团公司董事长樊露先生的鼎力支持，但当书稿初步形成后，因主导思想认识的差异性，作者不愿放弃自己的创作主张和写作理念，原说好的出版单位与作者间产生了分歧。在出版面临困难之际，承蒙云南人民出版社高照编审的慧眼识珠，并得到副社长张波女士、社长赵石定先生的积极支持，而使本套丛书得以进入出版程序之中。

　　又因写作过程中经历了三年疫情的影响，使田野调查遭遇重重困难，好在得到许多朋友的热情帮助，才使得我们的调研工作得以顺利进行。

值此，我要特别感谢给予我们帮助的所有朋友！他们是：热情邀请我参加撰写的任维东、周重林二友；在我们前期调研中为我们课题组提供大量直接帮助的雨林古茶坊樊露董事长、张敏副总经理以及李遠师傅；在我们进行田野过程，作为景迈山典型代表人物给予我们全程陪同并安排采访对象的好友岩恩；为完成本书接受我们采访的昆明芒嘎拉茶叶集团总裁班汉锋先生及其妻子；在景迈山给予我们热情接待的柏联普洱茶庄园副总经理邱湘衡先生和茶庄经理邓茂云先生；我们在景迈山采访的对象——景迈山古茶林保护管理局局长杨春高、景迈山投资开发管理有限公司总经理蒋邵平、景迈村村支书岩永、阿百腊普洱茶的主理人南康及其儿子聂江新和儿媳王莉、玉景班茶行的主理人玉班及其丈夫陆家帅、施施茶室和民宿的主理人施施，感谢陆家帅先生为我们提供了景迈山的精美照片。此外，还要特别感谢云南人民出版社高照编审，是她让我们的书稿变为作品。最后，我要特别感谢我的两位学生周丽、邓子璇，她们用辛勤的劳动和青春的活力，使本书的文字变得有思想而优美。

范建华

2023年10月1日